纺织新技术书库

纺织服装数字化建模与仿真

柯 薇 邓中民 李 照 著

中国纺织出版社有限公司

内 容 提 要

本书探讨了纺织服装数字化建模与仿真技术，内容涵盖机织物、纬编针织物、经编针织物、间隔织物及钩编针织物的数字化建模与仿真，同时深入研究了三维人体及服装建模技术，为纺织服装行业的数字化设计与智能制造提供有力支持。

本书可作为高等院校纺织、服装专业"纺织品设计与开发""服装产品设计""纺织品CAD"等课程的教学用书，也可供从事纺织服装行业的工程技术人员、科研工作者阅读。

图书在版编目（CIP）数据

纺织服装数字化建模与仿真 / 柯薇，邓中民，李照著. -- 北京：中国纺织出版社有限公司，2025. 3.
（纺织新技术书库）. -- ISBN 978-7-5229-2399-4

Ⅰ. TS1-39；TS941-39

中国国家版本馆 CIP 数据核字第 2025UN3051 号

责任编辑：沈　靖　　特约编辑：张小涵
责任校对：高　涵　　责任印制：王艳丽

中国纺织出版社有限公司出版发行
地址：北京市朝阳区百子湾东里 A407 号楼　邮政编码：100124
销售电话：010—67004422　传真：010—87155801
http://www.c-textilep.com
中国纺织出版社天猫旗舰店
官方微博 http://weibo.com/2119887771
三河市宏盛印务有限公司印刷　各地新华书店经销
2025 年 3 月第 1 版第 1 次印刷
开本：710×1000　1/16　印张：9.75
字数：220 千字　定价：88.00 元

前　言

在现代纺织工程和服装设计领域，计算机三维模拟技术已成为提高生产效率和设计精度的重要工具。随着计算机技术的迅速发展，机织物、针织物以及各类特殊织物的三维建模与仿真技术不断取得突破，为设计师提供了更为直观和灵活的创作方式。

近年来，我国机织、针织行业发展迅速，从早期引进德国卡尔迈耶公司的设备到如今国产针织设备的不断创新与发展，我国机织、针织设备企业的制造能力和水平取得大幅度提升。如今，国产机织、针织设备的编织速度、机电一体化程度、制造精度、稳定性等显著提高。机织、针织设备的不断更新换代也拓宽了纺织产品的开发和应用领域，如新型原料的使用，新工艺、新结构的产品层出不穷，提升了机织、针织设备的使用价值；同时，为了更好地深入融合"互联网＋"，纺织产品的开发也由过去的手工制板发展为利用计算机等现代化信息工具进行产品设计与开发，基于此，本书的编写团队总结了近十年来基于纺织服装数字化设计的理论研究与产业化应用成果，进一步深化内涵形成体系，编写了《纺织服装数字化建模与仿真》一书。

本书以作者团队多年从事纺织产品工艺理论研究与系统开发所积淀的科研成果为依托，汇集国内外该领域应用研究的经典案例，具备较强的理论性和实用创新性。本书共7个章节，详细探讨了机织物、纬编针织物、经编针织物、间隔织物及钩编针织物的几何模型与仿真技术，重点关注线圈模型的三维仿真和动态变化，探讨如何通过改进的算法生成和优化线圈几何模型，以提升模拟的精度和效率；最后深入研究了三维人体及服装建模技术，为纺织服装行业的数字化设计与智能制造提供有力支持。

本书对了解机织和针织行业发展趋势、指导纺织服装新产品开发及生产有重要的作用，重在使读者学会纺织产品的工艺理论与实践操作，掌握纺织产品开发所涉及的基础知识和方法技能，以便快速适应纺织企业及相关研究机构对于纺织产品设计的需求。

　　本书可作为高等院校纺织、服装专业"纺织品设计与开发""服装产品设计""纺织品CAD"等课程的教学用书，也可供从事纺织服装行业的工程技术人员、科研工作者阅读。

　　本书在编写过程中，得到常州步云工控自动化股份有限公司、烟台明远创意生活科技股份有限公司、泉州海天材料科技股份有限公司、福建欣美针纺有限公司、福建东龙针纺有限公司、福建永丰针纺有限公司、福建信泰科技有限公司等企业的大力支持。具体编撰工作由武汉纺织大学柯薇、邓中民（烟台南山学院特聘教授），武汉软件工程职业学院（武汉开放大学）李照共同完成。感谢烟台南山学院刘美娜、王晓、杨雅莉、曲延梅、金晓、白雪，武汉纺织大学陶丹、吕红梅，东华大学刘燕平，河北科技大学张威，福建杰嘉科技有限公司曹晓斌，泉州海天材料科技股份有限公司陈力群，山东艾文生物科技有限公司宫兆庆，烟台明远创意生活科技股份有限公司周绚丽的参与编写。全书由邓中民统稿。

　　由于作者水平有限，书中难免存在不妥和错误之处，敬请读者批评、指正。

作者

2025年3月

目　录

第1章　机织物的计算机三维模拟

1.1　机织物表面空间的几何模型

　　除了色彩属性，机织物的外观和性能主要由织物的原料和几何结构决定。在原料一定的前提下，若已知织物的几何结构，确定了几何参数，织物的外观（空间形态）也随之确定。为了表示纱线在织物中的空间位置关系，通常在一定假设条件下从纯几何学角度来建立模型，以描述织物纱线的屈曲形态和截面形态。为便于建立模型，假设经纬纱为可弯曲的、既不能伸长又不能压缩的柔性体，并忽略弯曲阻力。这样的假设虽与真实情况有一定误差，但能够得到简单的织物几何模型，对于定性描述织物结构还是可接受的。织物内纱线的屈曲形态一般随着织物组织、经纬密度、纱线线密度等因素而变化。在近似地把纱线看为柱体的前提下，只需确定纱线在织物中的屈曲形态，通过一定的数学描述，建立相对应的几何模型并添加光照和纹理，就能够得到较为逼真的三维模拟效果。

　　织物中主要的几何结构参数有：一个经纱（纬纱）组织循环所占的距离 L_j（L_w），织物内经（纬）纱屈曲的波峰和波谷之间垂直于布面方向的距离，即屈曲波高 h_j（h_w）。经（纬）纱的截面形态有圆形、跑道形、椭圆形和透镜形等多种。由于织物之间存在着纱线原料、织物组织、织物密度及织造工艺等条件的不同，使得假设的数学模型与织物的真实状态存在着一定的差异。对织物组织的大量研究表明，正弦曲线近似描述了纱线在织物内的屈曲状态，而圆形、椭圆形、正弦弧与圆弧衔接等可用于描述织物内经、纬纱截面形态。其中，圆形截面模型仅适合用于非紧密织物的平纹产品。假如纱线在紧密织物中受到较大压力导致纱线截面变形时，则纱线截面形状按椭圆形计算更接近于真实情况。

1.2　机织物几何结构的计算机模拟

　　传统的机织物模拟坐标为 X—Y 二维坐标，要完成三维模拟就必须在 XYZ 坐标下对织物几何结构进行数学描述。因此设定，在 X—Y 平面坐标上显示织物的组织图，而在 Z 方向添加织物的屈曲波高。其中，相邻两根经纱的距离由经纱的密度决定，表现为 X 方向的变化；相邻两根纬纱的距离由纬纱的密度决定，表现为 Y 方向的变化；而织物的经纱屈曲波高则用来表示 Z 方向的变化。在 Peirce（皮尔斯）所构造的模型中，将纱线视为具有圆形截面、完全柔软、可以充分弯曲且不可伸长压缩的物体。纱线的屈曲形态是弯曲的弧线和直线的结合。以经向截面为例，如图 1-1 所示，平纹组织的结构为每根经纱与纬纱相互交织，且纱线在织物中频繁地屈曲与交织。

设屈曲波高为 h_j、h_w，几何密度屈曲曲线的长度为 L_j、L_w，交织角 θ（屈曲纱线相对于织物中心平面的最大倾斜角度），纱线缩率为 C_j、C_w，以及经纬纱线直径 d_j、d_w 之和为 D。采用三角函数曲线拟合的纱线屈曲形态较为逼真，能够合理展现纱线交织过程。

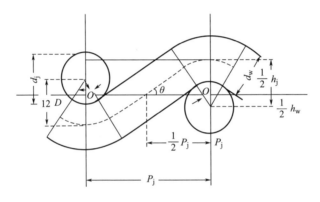

图 1-1　平纹组织模型

相比于平纹组织，非平纹组织主要多了纱线的浮长。当浮长较短时，经纬纱仍然保持紧密接触，Peirce 模型依然适用，且可以用直线来表示纱线的浮长，如图 1-2 所示。当浮长较长时，浮长线对纱线的聚拢和分离作用，会使浮长显示

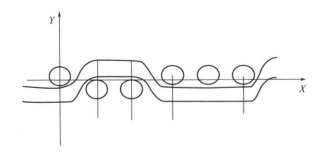

图 1-2　非平纹组织模型

出凹凸立体的花纹，且浮长越长，纱线凸出或凹陷的程度就越明显，浮长中部距离织物的中心线就越远。而当浮长增加到一定程度时，经纬纱不再紧密接触，Peirce 模型也就不再成立（对此本文不作详细介绍）。

1.3　机织物几何结构的计算机三维模拟实现

1.3.1　织物组织数学模型

通常用组织图来表示织物中经纬纱线相互交织的规律，该图也称为意匠图或方格图。如果将组织图中每个格子看作是一个元素，经浮点用"1"表示，纬浮点用"0"表示，结合最基本的一个循环组织所包含的经纬纱线的数量，这样组织图就可以用一个二维的布尔矩阵来表示，该矩阵被称为组织矩阵或者组织阵（weave matrix）。矩阵中，类似于平铺的一块织物，以行表示其纬纱，以列来表示其经纱。设组织矩阵为 W，此组织表述为 m 行和 n 列纱线组成了一个基本循环组织，矩阵的每一个成员都代表一个组织点，其中 W_{ij} 等于 0 或者 1，代表纬组织点或者经组织点，i，j 分别小于或等于 m，n。当织物组织图用布尔矩阵描述后，织物中组织点、经纬纱的排列变化规律就可以转化为组织矩阵的运算和处理，这也是计算机对织物仿真模拟的基础。织物仿真模拟的基础概念术语表述如下。

交叉规律：最小组织循环中经纬纱线的交叉数量以及每次交叉时经纬浮长长度的变化规律。

交叉数：分为经向交叉数和纬向交叉数。经纱交叉规律公式中，分子个数与分母个数之和为经向交叉数；纬向交叉数则等于纬纱交叉规律公式中，分子个数与分母个数之和即为纬向交叉数。

飞数：分为经向飞数与纬向飞数。经向飞数等于最小距离的两根经纱上相似点之间包含的纬纱数量，向上为正，向下为负。纬向飞数等于最小距离的两根纬纱上相似点之间包含的经纱数量，向右为正，向左为负。

纱线序数：经纱的序数从左往右，逐渐增加；纬纱的序数从下到上，逐渐增加。

织物中的浮沉规律说明着经纬纱的组织点交织情况，可以用分式来表示织物的浮沉规律。以经向浮沉规律为例，分子表示每根经纱上的经组织点数，即经纱连续覆盖纬纱的根数，代表经浮长长度；分母表示每根经纱上的纬组织点数，即纬纱连续覆盖经纱的根数，代表纬浮长长度。当织物中存在多个浮长时，可以确定最小组织循环（或完全组织），此时，织物的浮沉规律可用一个复合分式来表示。

织物组织 $\boldsymbol{Z}$ 的复合分式的一般形式由式（1–1）阐述。

$$\boldsymbol{Z}=\frac{c_1c_2\cdots c_x\cdots c_m}{d_1d_2\cdots d_x\cdots d_n}\quad(m=n) \tag{1–1}$$

式中，c 为经组织点连续浮长；d 为纬组织点连续浮长；m、n 为一个最小循环内出现的经纬纱次数。

按组织矩阵 $\boldsymbol{Z}$ 绘制组织中第一根经纱时，绘制的次序是由分母到分子，由左到右。具体为：先绘制第 c_1 个经组织点，再绘制第 d_2 个纬组织点，然后绘制第 c_2 个经组织点、第 d_2 个纬组织点，以此类推，最后绘制第 c_m 个经组织点、第 d_n 个纬组织点。对于指定的组织，可以通过计算得到其经纬纱循环数 N_2 和 N_1。在组织已知的情况下得到式（1–2）。

$$N_1=N_2=\sum_{i=1}^{m}(c_i+d_i) \tag{1–2}$$

这样就可以得到一个 $N_1\times N_2$ 的二维组织矩阵 $\boldsymbol{F}$：

$$\boldsymbol{F}=[\boldsymbol{a}_{11},\boldsymbol{a}_{21},\cdots,\boldsymbol{a}_{i1},\cdots,\boldsymbol{a}_{N_i1}]^{\mathrm{T}} \tag{1–3}$$

按照反序赋值，得到式（1–4）：

$$\boldsymbol{a}_{N_{i-i+1}}=1\ (x>y)\ \text{或者}\ 0\ (y\geqslant x) \tag{1–4}$$

式中，i 为 1 到 N_1 中任意数；x、y 为引入作判断用的任意变量。当取 c_i 赋值 x 增 1，y 不变；取 d_i 时 x 不变，y 增 1。

$$\begin{bmatrix}1&0&1&0\\0&1&0&1\\1&0&1&0\\0&1&0&1\end{bmatrix}$$

图 1–3　平纹织物组织图与组织矩阵

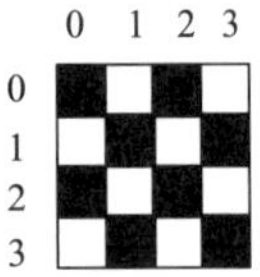

以经向规则组织为例，当第一列经纱的浮沉规律已知时，可对矩阵 $\boldsymbol{W}$ 中第一列元素赋值，然后按照第一列元素和飞数对矩阵的其他列元素进行赋值。平纹织物的组织图与组织矩阵如图 1–3 所示。

其中，经组织用黑色块表示，白色块则为纬组织。按照计算机中二维数组的表示法，经纬纱下标都从 0 开始，这样 $\boldsymbol{W}_{ij}$ 就可以表示任意一个组织点。可以得出，当组织点行列下标之和为奇数时，所对应的组织点为纬组织点；组织点下标之和为偶数时，所对应的组织点为经组织点。实现该逻辑的程序代码如下。

```
j=1;
for(i=0;i<=m;i++){
while(c[i]>0;){
W[N1–j+1][1];
```

```
j++;
c[i]--;}
while(d[i]>0){
W[N1-j+1][1]=0;
j++;d[i]--;}}
for(j=2;j<=N2;j++)
if((i+F)>N1){
W[i][j]=W[i+F-N1][j-1];
elseW[i][j]=w[i+F][j-1];}}
```

图 1-4 为 $\dfrac{2}{1}$ 斜纹织物的组织图与组织矩阵。可以看出当组织点行列下标之和能被 3 整除时，所对应的组织点为纬组织点，其余皆为经组织点。规则组织是指交叉规律固定，且飞数也固定的组织；准规则组织是指交叉规律固定，但是飞数不确定的组织；非规则组织为交叉规律、飞数都不确定的组织。任意一个单层组织都可以由规则组织、准规则组织

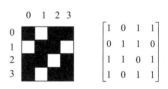

图 1-4　$\dfrac{2}{1}$ 斜纹织物组织图与组织矩阵

以及非规则组织中的某类经过映射变换得到，复杂组织可通过单层组织联合的方式得到。因此，对织物的设计实际上就成为上述三类组织的组织图设计。

以下是一些常见组织模型：N_F 为组织交叉数，L_i 为浮长序列中第 i 项的组织点数，S_j（S_w）为经纬向飞数。

平纹组织：组织交叉数 $N_F=2$；$L_1=L_2=1$；飞数 $S_j=S_w=\pm 1$。

原组织斜纹：组织交叉数 $N_F=2$；$L_1+L_2 \geqslant 3$ 且 $L_1=1$ 或者 $L_2=1$；飞数 $S_j=S_w=\pm 1$。

加强斜纹：组织交叉数 $N_F=2$；$L_1+L_2 \geqslant 4$ 且 $L_1 \neq 1$，$L_2 \neq 1$；飞数 $S_j=S_w=\pm 1$。

复合斜纹：组织交叉数 $N_F \geqslant 4$；$L_5\sum i \geqslant$；飞数 $S_j=S_w=\pm 1$。

1.3.2　算法实现

通过以上的分析，可以按照以下流程对机织物进行计算机三维模拟。采用的平台为 Visual C++（简称 VC++）编程与 OpenGL 语言的结合，整体的仿真流程如图 1-5 所示。

第一步，分析织物的组织，得到建模所需的一些必要参数。第二步，通过已得到的织物组织参数以及计算得到的模型参数，利用前文提到的数学模型，在三维坐标系中建立经纬纱线的组织点坐标，计算出织物的三维模型。第三步，应

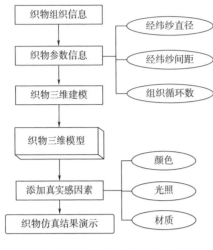

图1-5 机织物仿真流程图

用编程工具与语言 OpenGL（open graphics library）程序建立织物的三维模型。第四步，在建立的纱线库中调用纱线纹理，对建立的模型添加织物纹理，然后以光照模型对模拟织物添加光照场景，增加模拟真实感。最后，将仿真的结果绘制出来，并向设计人员进行演示。

在计算机中处理织物组织时采用组织矩阵，也就是二维数组的形式来表现。行代表着纬纱，列代表着经纱，1表示经组织点，0表示纬组织点。对二维数组中任意一个数据进行操作，判断值为1或是0。对于值为1的元素，对此元素所在的列进行循环判定，计算出连续的1的个数，即为所在经浮长的长度值；反之，值为0的元素则对所在行进行搜索判定，得到连续的0的个数，即为所在纬浮长的长度值。根据上文提到的公式，根据浮长长度的不同分别计算出纱线或者截面中心点的坐标。最后，运用 OpenGL 技术绘制出每个组织点的位置，再连接各个组织点的位置用椭圆柱体套接起来，添加纱线的纹理或者光照效果就可以得到组织图的纱线的三维显示，从而可以得到织物的模拟。

前文提到，组织的结构可以用一个二维数组来表示，二维数组的行列与纱线的经纬纱一一对应，如图1-6所示的$\frac{2}{3}\frac{1}{2}$斜纹，图1-6（a）为二维数组，图1-6（b）为斜纹的织物模拟图。其中，二维数组的第一列元素分别对应于模拟图的经纬组织点。在组织矩阵中，只存在两个值，即1或者0。因此，对于每一个确定的组织点，只要其周围的组织点的值确定（经纱考虑二维数组中的列元素，纬纱则考虑二维数组的行元素），绘制出相对应的纱线轨迹，就能完整模拟。

在织物中，纱线的屈曲形态可以通过织物组织数组的数值来判定。针对平纹织物，纱线只存在弯曲状态，具体分为向上的弯曲和向下的弯曲。这两种状态的简单重复循环就能构成平纹组织的纱线空间图。针对非平纹织物，则可以用平纹组织的纱线的引伸弧线与直线来模拟。为了避免与图像模拟中的空间坐标混淆，对此对二维数组的说明采用计算机的标准表示方法：即以数组左上角为起点，m表示行数，n表示列数，且m、n从0开始计数。数组中每一个值可以用W_{mn}来表示，如W_{35}表示第3行第5列的值。以组织点的数值可判定纱线的8种形态如下。

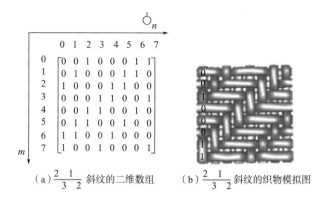

（a）$\dfrac{2}{3}\dfrac{1}{2}$ 斜纹的二维数组　　　（b）$\dfrac{2}{3}\dfrac{1}{2}$ 斜纹的织物模拟图

图 1-6　$\dfrac{2}{3}\dfrac{1}{2}$ 斜纹的二维数组与织物模拟图

特定点 W 数值为 1 时：

（1）同一行的下边相邻（同一列右边相邻）的组织点值为 1 时，织物中表现为浮长线，纱线路径为直线。

（2）同一行的上边相邻（同一列左边相邻）的组织点值为 1 时，织物中表现为浮长线，纱线路径为直线。

（3）同一行的下边相邻（同一列右边相邻）的组织点值为 0 时，织物中表现为交叉处，纱线向下右弯曲（图 1-7 曲线 B）。

（4）同一行的上边相邻（同一列的左边相邻）的组织点为 0 时，织物中表现为交叉处，纱线为向上弯曲（图 1-7 曲线 A）。

特定点 W 数值为 0 时：

（5）同一行的下边相邻（同一列右边相邻）的组织点值为 0 时，织物中表现为浮长线，纱线路径为直线。

（6）同一行的上边相邻（同一列左边相邻）的组织点值为 0 时，织物中表现为浮长线，纱线路径为直线。

（7）同一行的上边相邻（同一列左边相邻）的组织点值为 1 时，织物中表现为交织处，纱线向上右弯曲（图 1-7 曲线 C）。

（8）同一行的下边相邻（同一列右边相邻）的组织点值为 1 时，织物中表现为交织处，纱线向上左弯曲（图 1-7 曲线 D）。

纱线的状态（1）（2）（5）（6）都为直线，实际上只有 4 种。由于织物是组织的循环，当边界组织点需要判定时，判定点就变为同一行或者同一列的对应另一端。

在整个程序运行中，对组织点对应的纱线存在着两种需要判定的内容：浮长线位移的判定与绘制以及纱线屈曲状态的判定与绘制。

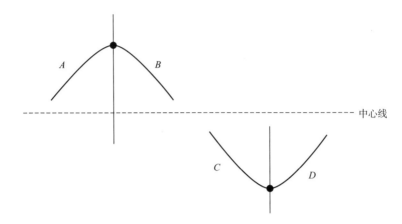

图1-7　纱线的弯曲状态

　　针对浮长线位移的判定，采取的方法是对二维组织矩阵的组织点进行同行或者同列的循环搜索。当遇到连续相同的组织点时，系统判定为浮长，记录连续的点的个数作为浮长的长度，同时记录当前点在浮长中的具体位置，根据之前设定的公式进行计算，可以得到当前点相对初始位置的偏移量。程序部分实现代码如下。

```
for(u=0;u<ku;u++)// 经组织点循环
{for(v=0;v<kv;v++)// 纬组织点循环
{if(wz[u%ku][v%kv]==1)
{// 经
intk0=0;//LR
while(wz[u%ku][(v-k0+kv)%kv]==1&&k0<N+1)k0++;
intk1=0;
while(wz[u%ku][(v+k1)%kv]==1&&k1<N+1)k1++;
kmi=k0<k1?k0：k1;
wv[u%ku][v%kv]=sqrt(kmi)*c;
wh1[u%ku][v%kv]=-(k0-(k0+k1-0)/2)*c0;
k0=0;//UD
while(wz[(u-k0+ku)%ku][(v)%kv]==1&&k0<N+1)k0++;
k1=0;
while(wz[(u+k1)%ku][(v)%kv]==1&&k1<N+1)k1++;
kmi=k0<k1?k0：k1;
wh[u%ku][v%kv]=-(k0-(k0+k1-0)/2)*c0;
```

wv1[u%ku][v%kv]=sqrt(kmi)*c;

}}}

以 $\dfrac{2}{3}\dfrac{1}{2}$ 斜纹为例（图 1–8）进行分析，P 为纱线路径，每个组织点对应的值在图 1–8 上标出。在这个组织中，浮长存在 3 个长度值。浮长为 2 和 1 的纱线段都可以采用直线来描述浮长，对于浮长等于 3 的纱线段，需要继续分析。

A 段组织点以 1 为基准，右边是 0，按照纱线状态（3）绘制。

B 段组织点以 0 为基准，左边是 1，按照纱线状态（7）绘制。

D 段组织点以 1 为基准，左边是 0，按照纱线状态（4）绘制。

E 段组织点以 1 为基准，右边是 0，按照纱线状态（3）绘制。

F 段组织点以 0 为基准，左边是 1，按照纱线状态（7）绘制。

G 段组织点以 0 为基准，右边是 0，按照直线绘制。

H 段组织点以 0 为基准，左边是 0，按照直线绘制。

I 段组织点以 0 为基准，右边为 1，按照纱线状态（8）绘制。

C 段纱线的绘制遵循两个原则，一是纱线的路径，二是纱线的偏移量。按照理想情况，应该绘制一条直线，称这条直线中心轴是标准量。在浮长 L_1 中，两个端点的基准不变，在浮长中间的点上，由于受到前文分析的浮长线的挤压和拉伸的影响，纱线在原有基础产生了偏移，由直线 a 变为 a'，因此 C 段纱线绘制如下。

C_1 段是以组织点 0 为基准，右边是组织点 0，理论上应该画直线，但由于产生了偏移，实际绘制的直线应该是朝下偏移少许。

C_2 段是以组织点 0 为基准，左边是组织点 0，由于偏移，绘制的直线向上产生了偏移弯曲。

C_3 则绘制右边朝上的曲线，C_3 绘制左边朝下的曲线。

C_4 段以组织点 0 为基准，坐标为组织点 0，绘制一段向左的直线，但由于偏移量的存在，实际绘制一段向下偏移的曲线。

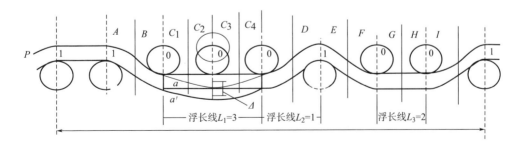

图 1–8　$\dfrac{2}{3}\dfrac{1}{2}$ 斜纹截面图

程序编写时，首先对组织点在组织矩阵的二维数据内进行循环搜索，当上述某个条件满足时，调用相对应的纱线绘制函数，同时与前面的浮长位移相结合就能得到以图 1-8 为基准的纱线屈曲形态。程序代码如下：

// 纱线状态 C

if(wz[u%ku][v%kv]==0&&wz[u%ku][(v−1+kv)%kv]==1)

PLOTXY(v*ka,0+Flag2*(wv[u%ku][v%kv]+wv[u%ku][(v−1+kv)%kv])/2.,−u*kb−((wh[u%ku][v%kv]+wh[u%ku][(v−1+kv)%kv])/2.),v*ka+ka/2.,rx+wv[u%ku][v%kv],−u*kb−wh[u%ku][v%kv],2,rx,tb);

// 直线

if(wz[u%ku][v%kv]==0&&wz[u%ku][(v−1+kv)%kv]==0)

PLOTXY(v*ka,rx+(wv[u%ku][v%kv]+wv[u%ku][(v−1+kv)%kv])/2.,−u*kb−((wh[u%ku][v%kv]+wh[u%ku][(v−1+kv)%kv])/2.),v*ka+ka/2.,rx+wv[u%ku][v%kv],−u*kb−wh[u%ku][v%kv],0,rx);

// 纱线状态 A

if(wz[u%ku][v%kv]==1&&wz[u%ku][(v−1+kv)%kv]==0)//

PLOTXY(v*ka,0+(wv[u%ku][v%kv]+wv[u%ku][(v−1+kv)%kv])/2.,−u*kb−((wh[u%ku][v%kv]+wh[u%ku][(v−1+kv)%kv])/2.),v*ka+ka/2.,

−rx−Flag1*wv[u%ku][v%kv],−u*kb−wh[u%ku][v%kv],1,rx,tb);//ok

// 纱线状态 D

if(wz[u%ku][v%kv]==0&&wz[u%ku][(v+1)%kv]==1)

PLOTXY(v*ka+ka/2.,rx+wv[u%ku][v%kv],−u*kb−wh[u%ku][v%kv],v*ka+ka,0+(wv[u%ku][v%kv]+wv[u%ku][(v+1)%kv])/2.,−u*kb−((wh[u%ku][v%kv]+wh[u%ku][(v+1+kv)%kv])/2.),2,rx,tb);

// 纱线状态 B

if(wz[u%ku][v%kv]==1&&wz[u%ku][(v+1)%kv]==0)

PLOTXY(v*ka+ka/2.,−rx−Flag1*wv[u%ku][v%kv],−u*kb−wh[u%ku][v%kv],v*ka+ka,0+(wv[u%ku][v%kv]+wv[u%ku][(v+1)%kv])/2.,

−u*kb−((wh[u%ku][v%kv]+wh[u%ku][(v+1+kv)%kv])/2.),1,rx,tb);//ok

1.3.3　模拟效果图

根据机织物几何结构的数学模型，在 VC++6.0 的编程平台下，结合 OpenGL 语言，就能对部分机织物外观实现计算机的三维模拟。

平纹组织：平纹组织（plain weave）是最常见且最简单的机织物组织，其组织参数为：经纬纱循环数为 2，$R_j=R_w=2$；飞数为 1，$S_j=S_w=\pm1$。平纹组织最小循环单元为 2×2 组织，拥有 2 个经组织点和 2 个纬组织点，是完全对称结构，其正反面没有明显区别。

图 1-9（a）（b）（c）分别为平纹组织模拟的正面模拟图、截面模拟图、整体模拟图。

可以看到在局部的正面模拟图中，经纬纱线的密度较小，使纱线间的间隙较大。而在最后的整体仿真中，最小组织的循环使织物布面效果明显。

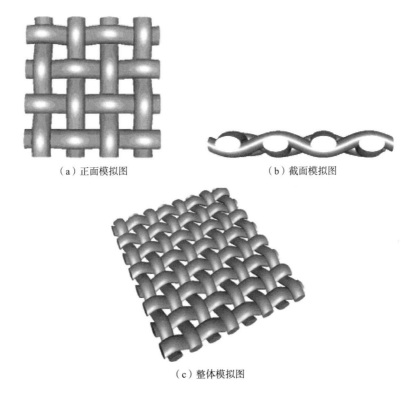

（a）正面模拟图　　　　　　　　　（b）截面模拟图

（c）整体模拟图

图 1-9　平纹组织模拟效果图

$\dfrac{2}{1}$ 斜纹：此类斜纹通常是用在精纺毛织物中的单面华达呢，组织内纱线循环数比平纹组织的大。在纱线材质相同，纱线线密度和织物密度一定的前提下，斜纹组织不如平纹组织坚固，但是手感比较柔软。模拟采用 Peirce 模型的引申，即用直线和曲线来表示，纱线屈曲处用直线。模拟图如图 1-10 所示。

$\dfrac{3}{1}$ 右斜纹：一个最简单的浮长线为 3 的织物，此处对浮长不再使用直线直接进行模拟，而需要对直线部分增加一个偏移量。如图 1-11 所示，可以看到正面模拟效果并不明显，当观察其截面图时，就可以明显地看出纱线的屈曲状态。

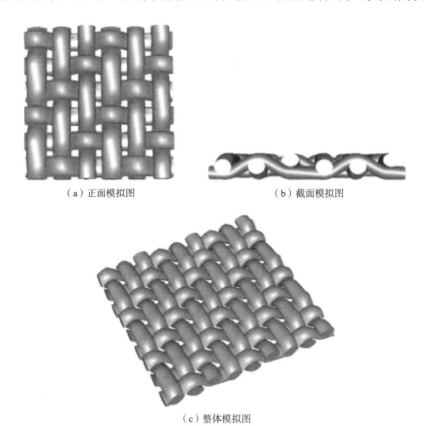

（a）正面模拟图　　　　　　　　　　　　　　（b）截面模拟图

（c）整体模拟图

图 1-10　$\dfrac{2}{1}$ 斜纹组织模拟效果图

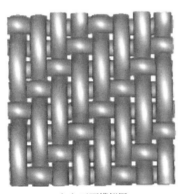

（a）正面模拟图　　　　　　　　　　　　　　（b）截面模拟图

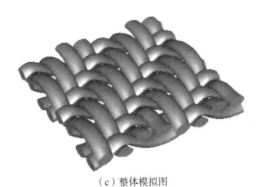

（c）整体模拟图

图 1-11　$\frac{3}{1}$ 右斜纹组织模拟效果图

$\frac{2}{3}\frac{1}{2}$ 斜纹：由于浮长线包含多种长度，当浮长为 2 时，仍然和 $\frac{2}{1}$ 右斜纹组织相同，采取直线形式；当浮长为 3 时，采用曲线形式。如图 1-12 所示，织物表面的纱线弯曲程度较明显。

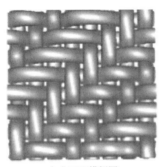

（a）正面模拟图　　　　　　　　　　　（b）截面模拟图

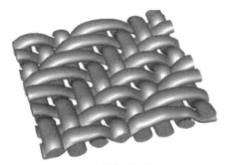

（c）整体模拟图

图 1-12　$\frac{2}{3}\frac{1}{2}$ 斜纹组织模拟效果图

蜂巢组织：在此织物中，既有各种长度的浮长，又有平纹组织。虽然同样是平纹组织，效应也不同，蜂巢组织中的平纹具有很明显的凹凸花纹。在蜂巢组织中的平纹结构中，交织处的组织点个数相对较多；而在经纬纱线的浮长线处，不存在交织点。平纹部分在织物中表现有凸起也有凹陷，当浮长处在表面时会造成平纹凸起，而当浮长在织物反面时，则会使平纹凹陷。值得注意的是，经纬纱浮长线是逐渐过渡到平纹组织的，所以织物表面的凹凸效应也是逐渐变化的。具体的模拟图如图 1-13 所示。

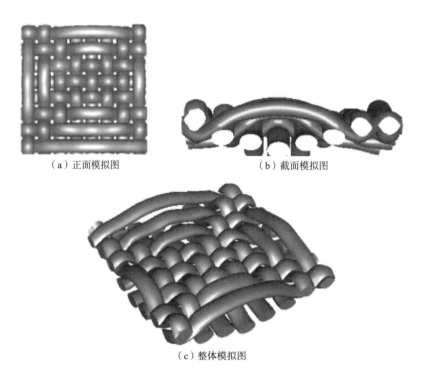

（a）正面模拟图　　　　　　　（b）截面模拟图

（c）整体模拟图

图 1-13　蜂巢组织模拟效果图

第 2 章　针织物的仿真建模

2.1　针织物仿真模型的发展

在传统的工业生产方式中，设计师需要依靠对产品的个人理解来设计样式并制作样品，才能进一步与用户沟通，再进行修改，这样的生产方式无疑加重企业的成本使得产品的设计开发周期较长。信息化、智能化的设计方法成为解决这些问题的关键所在。

近年来，针织物的仿真技术得到了广泛关注，针对针织物的仿真模型也有较为丰富的研究。其中，大多数都是对针织物的单个线圈的模型与仿真研究，而对于针织物整体的建模或仿真技术的研究相对较少。

针织物的仿真模型发展得益于计算机辅助设计（CAD）和计算机辅助制造（CAM）等技术的进步。通过建立针织物的三维仿真模型，企业可以在虚拟环境中进行设计、样板确认和生产工艺验证，从而有效减少了实际物理样品的制作成本和时间。此外，仿真模型还可以帮助设计师更好地理解面料的延展性、质地和效果，以及优化设计细节，提高产品质量和生产效率。随着虚拟现实（VR）和增强现实（AR）技术的不断发展，针织物仿真模型还能够与这些技术结合，为产品设计和销售等环节提供更多可能性。因此，针织物的仿真模型在未来将继续发挥重要作用，并随着科技的进步而不断完善和创新。

2.1.1　针织物仿真与建模的发展

针织物的仿真建模具有很久的发展历史，其发展历程始于单个针织线圈的仿真模型的建立。由于针织产品往往是由反复循环的相同线圈构成的，针织物线圈模型被划分为分段函数，通过循环构建的方式形成出针织物的线圈结构模型。

由于每个线圈都存在不同的地方，很难用一个通用的线圈模型来重复表示整个针织产品的线圈模型。为了使针织物线圈模型更加真实且让线圈更加平滑，研究人员采用不同的函数来进行线圈平滑操作，并利用针织物的实物图像来确定线圈上的关键点，用这些点来得到大概轮廓，通过不同的函数来模拟线圈模型，得到不同的效果，然后找到效果最好的函数，最后根据这些关键点，用函数来进行连接，形成光滑的线圈模型。

为了加强针织物的仿真效果，研究人员增加了图像中的纹理和色块的组合操作，使针织物纱线在视觉效果上呈现一定的"捻度"效果。

三维模型往往比二维模型具有更加逼真的仿真效果，所以三维仿真模型逐渐进入此研究领域。最初，三维仿真模型利用几何体拼接而成，随后，研究人员根据数学建模的方法，用不同的理论及函数的方法来实现针织物的纱线仿真。

当针织物仿真发展到三维仿真物理模型阶段时，线圈模型加入了受力建模，通过模仿电场中的电磁线圈受到的电场力，受到不同方向、不同大小的力作用下的线圈位移量，来模拟线圈在实际情况中受到力的作用时发生的形变。为了使模型更加精确，加入数学建模中的有限元模型（finite element model，FEM），采用求近似解的原理来解决针织物的受力情况。

在上述研究的基础上，研究人员又根据针织物线圈模型的受力情况，模拟出整个针织产品的受力运动情况，实现了针织物的动态仿真设计。

2.1.2 针织物仿真建模的技术工具

针织物常用的仿真模型工具见表2-1。

表2-1 针织物常用的仿真模型工具

工具类型	功能	工具举例
CAD软件	设计和绘制针织图案和结构	Adobe Illustrator、CorelDRAW Graphics Suite 等
3D建模软件	创建针织物的三维模型	Blender、Maya、3ds Max 等
针织软件	模拟针织过程和生成针织结构	SHIMA SEIKI 的 APEX 系列、Stoll 的 M1 Plus 等
材质编辑软件	调整针织物材质外观和纹理	Substance Painter、Mari 等
渲染引擎	将针织物模型进行渲染，使其呈现出逼真的效果	Arnold、V-Ray 等

这些工具的结合使用可以帮助设计师和工程师创建出高度逼真的针织物仿真模型。

2.1.3 针织物仿真模型的研究思路

针织物的仿真模型研究思路可以包括以下几个步骤。

背景调研：对针织物的特点、工艺流程以及现有仿真模型进行调研，了解建模目标针织物的状态及特点。

查阅文献：搜集关于针织物线圈建模与仿真的相关文献，学习研究人员的经验、方法和心得，形成独特的仿真建模思路。

数据采集：收集针织物相关的数据，包括材料性能、纺织工艺参数、产品结构等方面的数据。

模型建立：基于所采集到的数据，建立针织物的仿真模型，可以采用计算机辅助设计软件或者编程语言来实现。

模型验证：使用实际生产的样品或者数据对建立的仿真模型进行验证，检验模型的准确性和可靠性。

优化改进：根据验证结果对模型进行优化改进，不断提高仿真模型的精度和适用性。

应用推广：将建立好的仿真模型应用于针织物的设计、工艺优化和质量控制等方面，推动针织物制造技术的发展。

2.2 简单线圈模型

简单线圈模型是一种比较理想化的模型，通常表现为单个线圈的模型，此模型能够用一系列参数来表示这个线圈的结构。简单线圈模型包括 Peirce 线圈模型、Mumden 线圈模型、Allison（安立逊）线圈模型、Grossberg（格罗斯勃）线圈模型等。

2.2.1 Peirce 线圈模型（经典纬编线圈模型）

Peirce 线圈模型假定纱线在织物中处于完全理想状态，既不拉伸也不受压，横截面呈均匀一致的圆形。线圈针编弧与沉降弧部分用半圆来近似表示，针编弧与沉降弧用直线段相连。下一横列的针编弧与上一横列的沉降弧相切，相邻的两个沉降弧或相邻的两个针编弧也相切，针编弧与沉降弧半圆的外半径为 $2s$，内圆直径为 s，其线圈模型如图 2-1 所示。其中线圈宽度为 W，圈高为 H，圈柱高为 h，圈柱长为 l，整个线圈长为 L，则根据几何运算得到 $W=4s$，$h=3.464s$，$l=3.606s$，$H=7.464s$，$L=16.64s$。

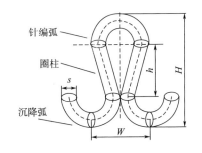

图 2-1 Peirce 线圈模型

2.2.2 Mumden 线圈模型（纬编线圈模型）

Mumden 线圈模型是在 Peirce 线圈模型的基础上衍生出来的，两者结构相似。Mumden 模型如图 2-2 所示，其中纱线的直径为 d，针编弧和沉降弧的半径为 r，根据实验可以测得圈干的高度为 h。

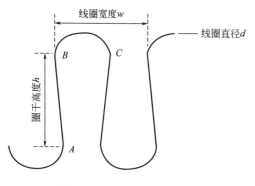

图 2-2　Mumden 线圈模型

Mumden 线圈模型将纱线的内应力和抗弯曲能力等力学性能模型融入其中，考虑了线圈的物理性能，是一种基础的物理模型。该模型引入了很多参数来计算线圈的尺寸，使整个模型更加精确且贴近实际，图 2-2 中的线圈长度表达如式（2-1）~式（2-4）所示。

$$L_{AB} = h\left[1 + \frac{9}{16}\left(\frac{d}{h}\right)^2\right] \tag{2-1}$$

$$L_{BC} = \frac{0.544h^2}{d} \tag{2-2}$$

$$L = 2(L_{AB} + L_{BC}) \tag{2-3}$$

$$w = 4r - 2d \tag{2-4}$$

式中，L_{AB} 为 AB 段的线圈长度；L_{BC} 为 BC 段的线圈长度；L 为整个单位线圈的长度；h 为圈干高度；d 为线圈直径；w 为线圈宽度。

由于该模型中某些参数是实际测量得出的，这会增加建立 Mumden 模型的难度。该模型考虑了一些受力模型，但是该模型还是二维模型，与真实线圈还是有很大差距。

2.2.3 Allison 和 Grossberg 线圈模型（经编线圈模型）

纱线在织物中由于受力而出现了复杂多变的形态。为了研究纱线的真实形态，先提出一系列理想的纱线状态，用相似的形态去描述织物中纱线的每一种可能出现的形态，再基于织物下机后真实的纱线走向对线圈模型参数进行修正。

图 2-3（a）为 Allison 线圈模型，该模型的圈弧为半圆，圈柱及其延展线为直线，该线圈模型较为理想化。图 2-3（b）为格罗斯勃第一线圈模型，该模型

在圈弧与圈柱的衔接处相比于安立逊模型更加光滑自然，模型的曲线部分比较符合织物下机后的纱线屈曲形态。图 2-3（c）为格罗斯勃第二线圈模型，相比于格罗斯勃第一线圈模型，该模型考虑了线圈的受力变形，基于经编织物松弛后，线圈部分出现相对歪斜的现象，将其延展线由变形的曲线代替第一模型的直线，而其圈弧和圈柱相对于第一模型是有一定弧度的，而一般情况下，延展线通常视为一条直线。

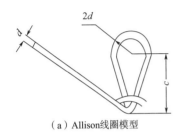 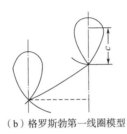 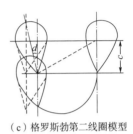

（a）Allison线圈模型　　　（b）格罗斯勃第一线圈模型　　　（c）格罗斯勃第二线圈模型

图 2-3　经编线圈模型

2.3　分段的针织物线圈模型

在构建针织物线圈模型的过程中，可将一个线圈不同的部分用不同的函数来分段表示，这些子部分函数组合后就形成了一整个线圈模型。在经编线圈模型的基础上运用循环语句，并进行适当的修整。可以用 MATLAB 实现出分段循环针织物的线圈模型（图 2-4）。

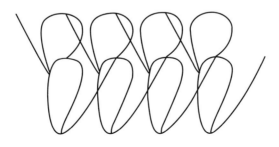

图 2-4　分段循环针织物经编线圈模型

针织物的穿经循环对织物线圈模型的形成有着非常重要的作用，将单个线圈输出成像后，按照线圈结构，构造出穿经循环的循环形式函数，然后根据函数来

图 2-5　Kurbak 纬编线圈模型

绘制循环线圈结构体。

Kurbak 模型在 Peirce 模型的基础上进一步将线圈分为更小的单元，并采用分段函数来模拟仿真（图 2-5）。

Kurbak 模型是比较具有代表性的三维线圈模型。该模型将线圈分为八段，包括沉降弧为一段，针编弧为一段，圈干分为两段，共四段。对每一段分别建模，都可用数学表达式表达。其中，针编弧和沉降弧为不在同一个平面内的椭圆；圈柱在空间中有弯曲，弯曲程度用深度表示，整体呈螺旋线的形态。Kurbak 还在成圈模型的基础上提出了集圈线圈模型、移圈线圈模型、提花组织模型等纬编织物的模型，并使用 3ds Max 实现了这些模型的三维仿真。

采用分段函数定义不同区间内针织产品的针织方式或纹理特征。每个区间内的函数定义可描述该区域内针织的特定特征。将不同的分段函数或多个函数组合起来，以模拟复杂的针织结构。这样的模型可以描述针织产品中多种纹理和针织方式交织而成的特殊效果，形成的针织物线圈模型更加接近实际针织产品。

2.4　基于样条函数的线圈模型

使用样条函数建模针织物的线圈模型可以提供更加光滑和连续的线圈形状，更精确地模拟针织物的外观和纹理。样条函数通常用于创建平滑的曲线或表面，适用于模拟针织物中各种不同的曲线和纹理特征。

使用合适的样条函数类型来描述针织物线圈的形状。比如，可以使用自然样条、B 样条（B-Spline）或者贝塞尔（Bezier）曲线、非均匀有理样条（NURBS）等类型的样条函数。根据线圈的形状和结构，设置合适的节点或控制点，这些点将决定样条曲线的形状。

利用样条函数的特性，模型可以模拟针织物中的纹理变化、不同织法的交错等特征，通过调整样条曲线来模拟这些变化。将多个样条曲线组合起来，以模拟不同区域或部分的针织纹理，使模型更贴近实际针织产品的特征。

2.4.1　Bezier 曲线模型

Bezier 曲线是在工程应用研究及计算机图形学中最常用的一种曲线，它具有良好的几何性质，能简洁、完美地描述和表达自由曲线曲面。Bezier 曲线可以将确定线圈的各点坐标连接起来，进而在计算机上实现基本单元的模拟。所以要将曲线升降，只要将一个控制点升降即可，计算非常方便，Bezier 曲线是很好的曲线拟合工具。图 2-6 所示的曲线属于三次方 Bezier 曲线，只需给定四个控制点就可唯一确定其形状。

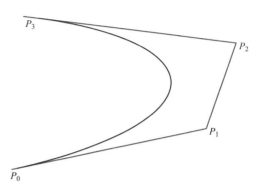

图 2-6　Bezier 曲线

程序编辑过程中，也将采用 Bezier 曲线来绘制。关于 Bezier 曲线性质及介绍如下：

（1）Bezier 曲线定义：给定 $n+1$ 个控制顶点 P_i($i=0 \sim n$)，则 Bezier 曲线定义为：

$$P(t)=\sum B_{i,\,n(t)}P_i \qquad t\in[0,1]$$

式中，$B_{i,\,n(t)}$ 称为基函数。

$$B_{i,\,n(t)}=C_n^i t^i(1-t)^{n-i}$$

$$C_n^i=\frac{n!}{i!(n-i)!}$$

（2）Bezier 曲线性质：

端点性质：

① $P(0)=P_0$，$P(1)=P_n$，即曲线过两个端点。

② $P'(0)=n(P_1-P_0)$，$P'(1)=n(P_n-P_{n-1})$。即在两个端点与控制多边形相切。

对称性：由 P_i 与 P_{n-i} 组成的曲线，位置一致，方向相反。

递推性：$B_{i,\,n}(t)=(1-t)B_{i,\,n-1}(t)+tB_{i-1,\,n-1}(t)$。

（3）VC++ 绘画方法：PolyBezier。

函数原型：

BOOL PolyBezier（HDC hdc，CONST POINT *lppt，DWORD cPOINTs）;

参数：

hdc：指定的设备环境句柄。

lppt：POINT 结构数组的指针，包括了样条端点和控制点的坐标，其坐标顺序是起点的坐标、起始控制点的坐标、终点的控制点的坐标和终点的坐标。

cPOINTs：指明数组中点的个数。

PolyBezier 有两个主要参数，画笔的参数和绘制曲线的关键点。

通过计算，能够获得一种不同的组织关联得到的模块曲线点，通过定义获得的四个点，就可以运用 PolyBezier 绘制相应的模块。为了编程的方便，可以把模块里出现的直线段也用这个函数绘制，方法就是把四个关键点都取在同一条直线上，这样，PolyBezier 按照所取的关键点绘制的曲线段就是直线段。

程序代码如下。

```
CPOINT P[4];
P[0].x=x0;P[0].y=y0;
P[1].x=x1;P[1].y=y1;
P[2].x=x2;P[2].y=y2;
P[3].x=x3;P[3].y=y3;
PDC–>PolyBezier(P,4);
```

已知起点 $P_0(x_0, y_0)$ 终点 $P_3(x_1, y_1)$ 通过构造 k 值（k 值大小为图中构造的等腰梯形的高）以达到对曲线弯曲程度的控制。坐标及控制点位置如图 2-7 所示。

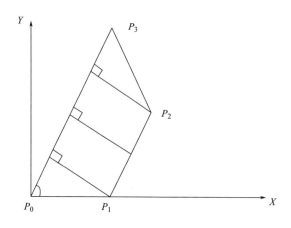

图 2-7　关联起点终点及 k 值坐标图

运用 VC++ 编程，定义控制点 P_1、P_2 与起始点及终点的位置关系，改变曲率 k 的数值可改变 Bezier 曲线绘制的顺序及其弧度。具体程序代码及分析如下。

```
int H,L;
POINT PP[4];
PP[0].x = P0.x;
```

```
PP[0].y = P0.y;
PP[3].x = P1.x;
PP[3].y = P1.y;
H = (PP[3].x – PP[0].x)/4;
L = (PP[3].y – PP[0].y)/4;
PP[1].x=PP[0].x+H–L*k;
PP[1].y=PP[0].y+L+H*k;
PP[2].x=PP[1].x+2*H;
PP[2].y=PP[1].y+2*L;
Cpen pen(PS_SOLID,2,RGB(0,0,255));
Cpen*pOldPen=dc->SelectObject(&pen);
dc->PolyBezier(PP,4);
Cpen pen1(PS_SOLID,2,RGB(255,0,0));
dc->SelectObject(&pen1);
dc->MoveTo(PP[0].x,PP[0].y);
dc->LineTo(PP[1].x,PP[1].y);
dc->LineTo(PP[2].x,PP[2].y);
dc->LineTo(PP[3].x,PP[3].y);
dc->LineTo(PP[0].x,PP[0].y);
```

　　综上可知，通过改变 k 值来控制曲线绘制的方向及弯曲弧度（图 2–8），k 为正值时逆时针绘制曲线，k 为 0 时为直线，k 为负值时顺时针绘制曲线。Bezier 曲线弯曲的弧度随 k 的绝对值增大而增大。

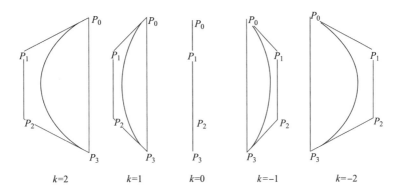

图 2–8　改变 k 值时曲线的不同形态

2.4.2 NURBS 曲线模型

NURBS 曲线引入权因子来调整曲线的走向，可以随意修改控制点，使得曲线具有更大的灵活性，并且提供了一个通用的数学公式，是一种稳定快速的数值计算方法（图 2-9）。

由图中可以看出 Bezier 曲线模型和 NURBS 曲线模型都不过控制点，保型性比较差。

在实际情况中，针织线圈本来就具有不规则性，再加上各种受力和针织线圈经摩擦之后产生的不规则性，所以在建模时，为了增强仿真建模的真实性，在 Rhino 软件中使用实体扫掠功能完成线圈模型的构建（图 2-10）。

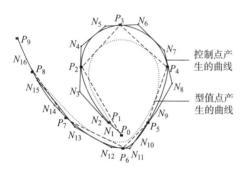
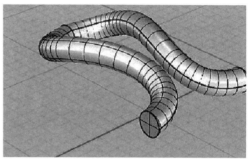

图 2-9　Bezier 和 NURBS 经编线圈模型　　图 2-10　圆形截面针织线圈模型（NURBS 曲线）

线圈模型中心线使用 NURBS 曲线拟合，截面可以使用多种不同的截面进行组合，但是为了方便计算，使用圆形截面来实现三维针织产品的建模（在实际中，单股纱线和另一股纱线接触的截面可能为椭圆形或凹形）。

2.4.3　Spline 三次样条插值曲线模型

在后续的研究中发现，不同样条函数的插值效果是不一样的。Spline 三次样条插值可以让曲线经过所有的控制点，具有较好的保型性。在实际针织产品上绘制得到控制点之后，依据控制点的三维坐标，结合 Spline 三次样条插值，可以得到较为光滑和真实的线圈模型。

Spline 三次样条插值曲线建模的定义如式（2-5）~式（2-7）所示。

$$S_i(x) = a_i + b_i(x - x_i) + c_i(x - x_i)^2 + d_i(x - x_i)^3 \qquad (2-5)$$

$$S_i'(x) = b_i + 2c_i(x - x_i) + 3d_i(x - x_i)^2 \qquad (2-6)$$

$$S_i''(x) = 2c_i + 6d_i(x - x_i) \qquad （2-7）$$

根据上述定义，采用 MATLAB 实现不同曲线模型（NURBS、Bezier、Spline）的经编（图 2-11）、纬编（图 2-12）针织线圈模型。

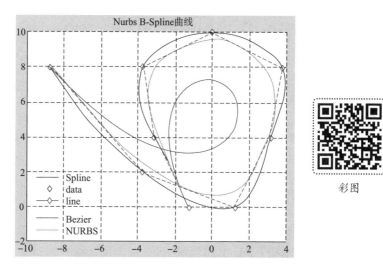

图 2-11　NURBS、Bezier、Spline 经编线圈模型对比

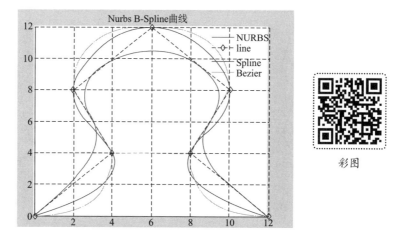

图 2-12　NURBS、Bezier、Spline 纬编线圈模型对比

经过对比，Spline 曲线模型能经过控制点，使模型更加光滑且准确，而且能实现三维曲线模型（图 2-13）。

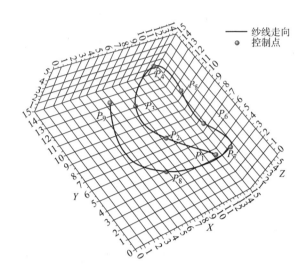

图 2-13　Spline 经编三维曲线模型

2.4.4　分段三次样条插值曲线模型

经过后续的研究进一步发现，Spline 样条插值曲线模型会存在过冲的现象，即在一个较为平滑的区域，会出现过冲区域（图 2-14）。通过对 Spline 插值算法与分段三次插值算法比较，得出更适合曲线模型的一种插值算法（图 2-15）。

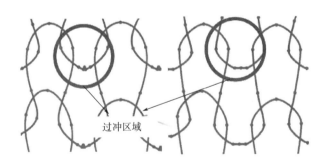

图 2-14　Spline 曲线模型的过冲区域

采用分段三次样条插值时，分段三次插值算法只保证一阶导数连续，且在分段子区间上具有单调性。分段三次插值算法如下：

$$F_k(t) = f_{k-1}(t - t_{k-1}) + \left[\frac{3(x_k - x_{k-1})}{(t_k - t_{k-1})^2} - \frac{2(f_{k-1} + f_k)}{t_k - t_{k-1}} \right](t - t_{k-1})^2 +$$

$$\left[\frac{2(x_k - x_{k-1})}{(t_k - t_{k-1})^3} + \frac{f_k + f_{k-1}}{(t_k - t_{k-1})^2}\right](t_{k-1} - t)^3 + x_{k-1} \tag{2-8}$$

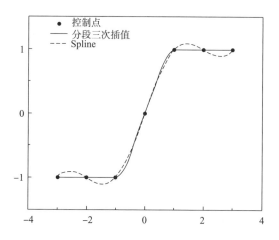

图 2-15　Spline 插值算法与分段三次插值算法比较

解决过冲问题后，可得到更为真实、更为光滑的线圈模型（图 2-16）。

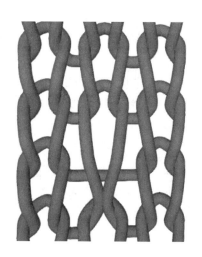

图 2-16　分段三次样条插值法绘制的纬编线圈模型

使用样条函数建模针织物线圈，可以更灵活地控制线圈的形状和纹理特征，为针织物的设计和仿真提供了一种有效的方法。这种方法可以用于针织物的 CAD 设计、仿真软件中的模拟，以及针织物纹理的数字化展示。贝塞尔曲线作为一种灵活且易于控制的曲线模型，在针织物的设计和模拟中具有广泛的应用。它能够帮助设计师精确地控制线圈的形状和特征，创造出丰富多样的针织产品。

2.5 针织物的仿真物理模型

2.5.1 针织物线圈受力建模

在针织物的三维建模中，线圈的受力建模是一项关键任务，因为线圈是构成针织物的基本单元。建模过程中需要考虑线圈的形状、大小和构造。通常线圈是由一系列节点或控制点组成的，这些点确定了线圈的形状和轮廓。线圈之间的互相连接、交织和织法等特性也需要被考虑进模型中。这些关系对针织物的最终外观和性能有重要影响。同时，需要考虑线圈在受到拉伸或压缩时的变化，包括考虑线圈的拉伸强度、弹性、变形等特性。模拟线圈受到扭转或旋转时的反应也需要纳入考虑，这对于模拟针织物在不同方向上的弯曲和拉伸是至关重要的。

彩图

Paras Wadekar 利用双螺旋连续曲面来表达线圈间的位移变形（图 2-17）为针织物的受力建模提供了新思路。

建模后，实验室测试和实际应用中的验证有助于确认模型的准确性。这些测试可以提供线圈受力行为的真实数据。通过实验数据和验证结果，不断改进模型，使其更准确地模拟线圈在实际使用中的行为。

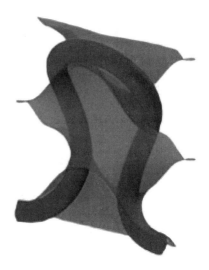

图 2-17 针织纬编线圈双螺旋结构
模型

线圈的受力建模是针织物三维建模中非常重要的一部分，它能够帮助设计师和工程师更好地理解针织物的物理特性和行为，从而设计出性能优越和外观出众的针织产品。

2.5.2 针织物的网格—弹簧质点耦合模型

传统的弹簧—质点模型是一种二维模型，虽然能够模拟出针织物的性质，但在针织物的三维建模与仿真技术应用中，无法展示出针织物的三维特性和结构特点。因此对传统的弹簧—质点模型进行改进，由传统的长方形弹簧—质点模型变成三维的长方体弹簧—质点模型（图 2-18）。

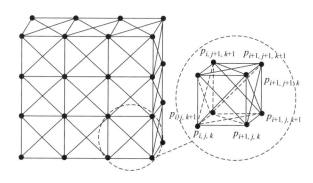

图 2-18　长方体弹簧—质点模型

然后为了实现更复杂多变的纬编针织物建模，实现针织物的线圈实时的受力变形仿真技术，本节研究了基于网格模型的纬编线圈单元模型。网格模型是指通过四边形的四个顶点来定位不同类型纬编线圈的控制点。在实际的纬编针织物中，纬编线圈在纵向和横向上按一定规律排布。为了确定每个线圈单元的控制点，利用分段三次样条插值方法来辅助实现。

这样根据网格模型和上述弹簧—质点模型，本节提出网格—弹簧质点耦合模型（图 2-19）。在弹簧部分，相较于传统的四边形弹簧—质点模型做出改进，在原有的基础之上增加间隔质点之间的剪切弹簧，让质点斜向的受力能够传递到更远的质点，即让当前线圈的形变在斜向上有更好的传递效果。

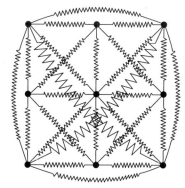

改进后的模型，增加了相隔节点之间的剪切弹簧，使得斜向上的受力能够更加直接地传递至其他线圈，既保证了线圈变形的逼真程度，也提升了系统的稳定性。

图 2-19　改进后的弹簧—质点结构

然后为了实现针织产品的三维网格—弹簧质点模型，把网格空间化（图 2-20）。

将网格模型与弹簧—质点模型进行耦合，结合两者的特点，建立了三维网格—弹簧质点耦合模型（图 2-21），能使模型更加逼真。

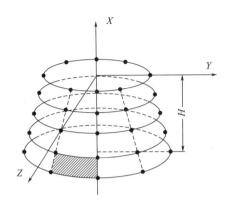 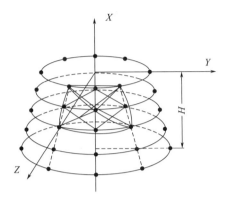

图 2-20　空间网格模型示意图　　　　图 2-21　三维网格—弹簧质点耦合模型

　　根据此模型，研究人员能够很逼真地对针织物线圈进行建模，每个单位网格的线圈被绘制出来后，就能实现整个针织物的仿真模型。

　　图 2-22 为一款针织裙子的三维网格—弹簧质点耦合模型的示意图，显示了裙摆微微上扬时运动的场景，而图 2-23 为裙摆稳定静止下来后的三维网格—弹簧质点耦合模型。

图 2-22　三维网格—弹簧质点耦合模型的运动　　图 2-23　三维网格—弹簧质点耦合
　　　　　状态　　　　　　　　　　　　　　　　模型的稳定状态

　　因此，针织物在不同的状态下，即在重力以及弹簧质点模型的作用下，网格模型的形状会不断地改变，导致针织物线圈的形态也会不断地改变，借此模拟出真实状态下针织物的受力情况。

2.5.3　针织线圈的物理性状仿真模型

　　在构建仿真模型时，只有几条三维曲线是完全达不到仿真要求的，只有在三维立体模型的基础上，再添加一些物理性状，才能使物体显示出三维仿真模型的视觉效果。

2.5.3.1 光照模型

光照处理是使模型显示出三维效果的必要条件，也是仿真建模的重要实现手段。物体在各种光照（如环境光、散射光、漫反射光、镜面光等）条件下产生阴影、漫反射、镜面反射等效果，但是由于针织线圈的法平面各不相同，因此不同法平面上这些效果也各不一样，当光反射到视觉系统中就会产生明暗效果或者层次感，所以产生了三维的视觉效果。不同的线圈材质在光照条件下各种效果也完全不一样。计算机可以通过显示系统调节亮度和色彩等因素来形成明暗、光影和虚实的效果，也可以根据材质不同来设置不同的参数大小，这就是立体成像技术的基本原理。图 2-24 为光照处理后的针织线圈仿真模型。

彩图

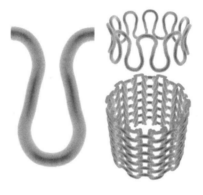

图 2-24 针织线圈的光照模型仿真

光照处理的仿真模型可以根据纱线材质、粗细、织物密度及光照效果对模型做出进一步改进，可使模拟效果更接近实际，进一步提高针织线圈模型的真实感。

2.5.3.2 纹理映射模型

纱线的纹理特征除粗细、颜色外，还包括毛羽、质感、捻度等。

针织线圈由纱线弯曲而成，纱线在三维空间内串套形成线圈，使得线圈表面的纹理具有明暗变化的空间感。在纱线纹理的基础上实现针织线圈的连续和光照模型（图 2-25），使得针织仿真模型更加具有真实性。

图 2-25 针织线圈的光照、纹理映射模型

针织物的仿真建模也可以增加热阻值、克罗值、传热系数等来设置模型参数，构建更加真实的仿真模型。

2.5.4　针织物的有限元模型

针织物的有限元模型是一种常用的工程分析方法，用于模拟和分析针织物在不同条件下的力学行为、变形、应力分布等。FEM 在针织物领域的应用，尤其是用于分析针织物的力学性能和结构行为具有重要意义。构建针织产品的有限元模型方法如下。

（1）利用 CAD 软件或专门的纺织设计软件，建立针织物的几何模型。模型应包括线圈、纤维或面料的形状、结构和拓扑信息。将针织物表面或体积划分为有限数量的小单元（单元网格），以便于数值分析。

（2）确定针织物材料的物理特性，如弹性模量、屈服强度、拉伸模量、刚度等参数。这些参数可通过实验测量或文献数据获取。同时需要考虑针织物材料的非线性行为，如大变形、弹性限度等。

（3）确定模型的边界条件，如支撑条件、约束条件、接触条件等，以模拟真实的应用场景。应用预定义的载荷、压力或位移，模拟针织物在特定条件下的受力情况。

（4）利用有限元分析软件对模型进行数值计算和模拟，以获得针织物在加载情况下的应力、变形、应变分布等结果。分析模拟结果，理解针织产品在不同受力条件下的行为，并评估其性能、稳定性和结构特性。

有限元网格模型（图 2-26）能细致地模拟出拉伸过程中针织线圈的受力状

彩图

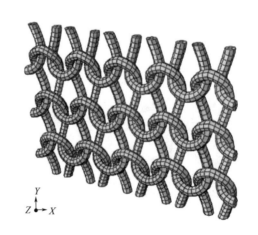

图 2-26　有限元网格模型

态。网格密度决定模拟结果的真实性，网格密度越大，模拟结果越接近实际情况，也就更能精细地描绘出线圈的有限元分析模型。

经过计算模拟后，片状网格模型针织物经过拉伸变形后的有限元模拟图如图2-27所示。由于现实生活不仅有横向拉伸，还有纵向拉伸、斜向拉伸，甚至多种拉伸结合的拉伸、挤压方式，为了使针织物更符合生活实际，对片状针织物的模拟继续改进，对简状针织物进行有限元模拟。图2-28为简状针织物的拉伸力学性能有限元模拟图。

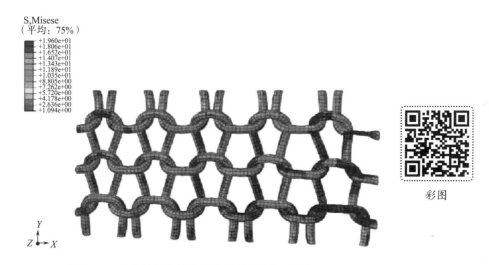

图 2-27　片状针织物的拉伸力学性能有限元模拟图

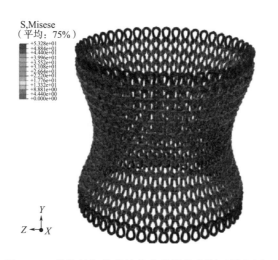

彩图

图 2-28　简状针织物的拉伸力学性能有限元模拟图

根据两种模拟图，可以看出拉伸初始阶段，纱线由弯曲放松状态变为伸直拉紧状态。随着拉力的增大，纱线变细，线圈发生形变歪斜，筒状针织物出现"束腰"现象。并且针织物拉伸形变和应力变化情况与单体针织线圈模型应力变化情况具有一致性。

针织物的有限元模型能够帮助设计师和工程师更深入地理解针织物的力学行为和结构特性，为针织产品的设计、优化和生产提供重要参考，有助于改进针织产品的性能和品质。

2.6 结合 AC3D 的 MATLAB 的三维动态仿真

2.6.1 三维动态仿真的探讨

MATLAB 具备的三维规则图像可实现静态显示和控制它们的运动，但无法使不规则的三维图形任意运动。要解决这个难题，一般技术人员会编写复杂的程序，这对中小企业的研发人员要求过高。而 MATLAB 可以定义句柄函数。本节采用 AC3D 这一跨平台的 3D 模型制作软件，该软件容量小、速度快，而且功能强，非计算机专业的用户也可以在很短的时间画好一幅 3D 图形。先用此软件绘制出贾卡新三针设计的间隔织物的三维模型，然后采用 MATLAB 调用该模型，通过滚动、视角变化等操作，实现贾卡三针间隔织物的三维动态仿真演示。

2.6.2 三维动态仿真的实现

以贾卡新三针间隔织物的三维动态仿真为例，在 MATLAB 中实现三维动态最简单的方法是由 MATLAB 直接调用本身的、扩展名为 .ac 的文件，就可实现三维动态显示。当执行 M 文件时，MATLAB 是采用逐条解释的方法执行语句。MATLAB 中自带的扩展名为 .ac 的文件有 Pa24–250_orange.ac、blueoctagon.ac、redwedge.ac 等。比如调用 Pa24–250_orange.ac，程序代码如下。

```
clear;clc;%%
% 加载模型
h=Aero.Animation;
h.FramesPerSecond=10;
h.TimeScaling=5;
idx1=h.createBody('Pa24–250_orange.ac','Ac3d');
%%
```

```
% 计算运动轨迹并生成数据
%loadsimdata;
% 时间 t=1：1：100；
% 位置
x=zeros(100,1);
y=zeros(100,1);
z=zeros(100,1);
% 角度 PHI=zeros(100,1);
theta=zeros(100,1);
Psi=t';% 设定 Psi 角随时间变化
%x 轴旋转
%data=[t' x y z PHI Psi theta];
%y 轴旋转
%data=[t' x y z Psi PHI theta];
%z 轴旋转
%data=[t' x y z PHI theta Psi];%%
% 运动轨迹动画 h.Bodies{1}.TimeSeriesSource=data;
h.show();
h.Play();
```

此时能看到一个旋转的橙色飞机。

根据其建立的模型，采用 AC3D 绘制出模型图，设置参数支持三维动画的制作。这些参数包括运动路线以及在运动中围绕哪个坐标轴旋转等。参数设定完成后，将绘制的模型文件保存到 MATLAB 中的 astdemos 里存为 threeneedles.ac 文件。该模型图中，省略编链组织，前针床走绿色组织，后针床走两针经平组织，连接纱在上下表层的线圈可以理解为与上下表层的线圈重合。

接下来，在 × × 目录下安装 GoogleEarth，将三维形状的上述 threeneedles.ac 模型文件导入，然后在 MATLAB 2008b 版本下执行以上语句，最后用 MATLAB 调用 threeneedles.ac 文件，可显示贾卡新三针间隔织物的三维动态运动。

这段程序的编写简单，而且可以套用，只需要把模型图用 AC3D 软件绘制出来，调用即可，不需要计算机专业水平的编程，应用范围广，可操作性强。

执行完以上语句，就可以实现贾卡新三针间隔织物的三维动态仿真，如图 2-29 所示。该图没有把上下两层的编链组织仿真出来，因为加入编链组织会干扰提花组织的空间效果，图中间隔织物上层提花区只采用新三针最基本的绿色。

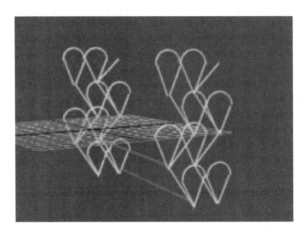

图 2-29　贾卡新三针间隔织物的三维动态仿真

第 3 章　纬编针织物线圈模型的三维仿真

3.1　改进弯曲管线生成算法

3.1.1　原理概述

在获得型值点的坐标之后，为了实现纱线三维仿真效果，需要通过型值点绘制三维管线。由于线圈具有弯曲结构，所以需要绘制三维弯曲管线。OpenGL 自带的实用库 Glu 提供了绘制圆柱体的方法，通过空间旋转就可以在空间中任意两点之间绘制圆柱体。可以通过型值点之间绘制圆柱体来实现大致绘制弯曲管线的效果。这样的圆柱连接方法在较低放大倍数的情况下纱线还算圆润，但是放大之后纱线就会存在连接处的裂纹，若要使纱线平滑就需要增加型值点、细分更多的圆柱，这无疑大大增加了计算量，如图 3–1 所示。这种方法需要在绘图时边绘图边做旋转圆柱计算，不能做到绘图与计算分离，将会大大降低绘图效率，导致视角转动的卡顿以及掉帧。

改进弯曲管线生成算法示意图如图 3–2 所示。本文提出的改进算法，即先找到点 N 使线段 NA 垂直于线段 AB，然后通过让点 N 绕线段 AB 按递进角度旋转，生成一系列点 N_1，N_2，N_3，$\cdots$，N_n，再用相同方法得到线段 BC 上的点 N'，N'_1，N'_2，N'_3，$\cdots$，N'_n。按顺序将 N_1，N_2，N_3，$\cdots$，N_n 中的点与 N'，N'_1，N'_2，N'_3，$\cdots$，N'_n 中的点连接成面，再依次对之后的型值点线段重复上述方法就可以绘制弯曲的管线。

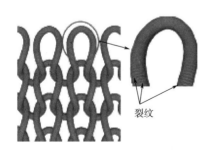

图 3–1　纱线放大后存在裂纹示意图

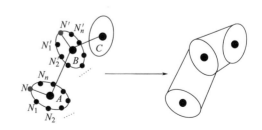

图 3–2　改进弯曲管线生成算法示意图

3.1.2 数学实现

改进弯曲管线生成算法是在型值点基础上通过空间几何变换计算得到所有面顶点坐标再统一绘制面的算法。算法利用型值点的坐标并结合空间几何算法，计算出纱线轮廓的所有顶点坐标，并通过有序地构建三角形平面，细分纱线三维空间曲面，从而完成对纱线的整体建模仿真。对于型值点 dot_1，dot_2，$\cdots$，dot_n，如果 dot_k（$k < n$）坐标为 (x_k, y_k, z_k)，则代表型值点 dot_k、$dot_{(k-1)}$ 方向的向量 $\boldsymbol{AB}$：

$$\boldsymbol{AB}=(vx_k, vy_k, vz_k) \tag{3-1}$$

式中，vx_k、vy_k、vz_k 的计算方法见式（3-2）。

$$vx_k=x_k+1-x_k$$
$$vy_k=y_k+1-y_k$$
$$vz_k=z_k+1-z_k \tag{3-2}$$

通过 $\boldsymbol{AB}$ 可以求得垂直于 dot_1、dot_2 这两点所连线段的方向，其单位向量 $\boldsymbol{\beta}$，由于垂直于一条直线的方向有无数个，所以解一个特解即可，即 $\boldsymbol{\beta}$ 计算见式（3-3）：

$$\boldsymbol{\beta}=(1, 1, \alpha_k) \tag{3-3}$$

由于 $\boldsymbol{\beta}$ 与 $\boldsymbol{AB}$ 垂直则有式（3-4）：

$$\boldsymbol{\beta} \cdot \boldsymbol{AB}=0 \tag{3-4}$$

解得 α_k，见式（3-5）。

$$\alpha_k=-\frac{vx_k + vy_k}{vz_k} \tag{3-5}$$

单位化后求得 $\boldsymbol{\beta}$ 见式（3-6）。

$$\vec{\beta} = \left(\frac{1}{\sqrt{\alpha_k^2 + 2}}, \frac{1}{\sqrt{\alpha_k^2 + 2}}, \frac{\alpha_k}{\sqrt{\alpha_k^2 + 2}} \right)$$

$$\left(x_k + \frac{1}{\sqrt{\alpha_k^2 + 2}}, y_k + \frac{1}{\sqrt{\alpha_k^2 + 2}}, z_k + \frac{\alpha_k}{\sqrt{\alpha_k^2 + 2}} \right)$$

$$A(x_1, y_1, z_1), B(x_2, y_2, z_2), C(x_3, y_3, z_3)$$

$$\begin{vmatrix} x_2 - x_1 & y_2 - y_1 & z_2 - z_1 \\ x_3 - x_1 & y_3 - y_1 & z_3 - z_1 \\ x_3 - x_2 & y_3 - y_2 & z_3 - z_2 \end{vmatrix} \begin{vmatrix} x \\ y \\ z \end{vmatrix} = 0 \tag{3-6}$$

$$x = (y_2 - y_1)(z_3 - z_1) - (z_2 - z_1)(y_3 - y_1)$$
$$y = (z_2 - z_1)(x_3 - x_1) - (x_2 - x_1)(z_3 - z_1)$$
$$z = (x_2 - x_1)(y_3 - y_1) - (y_2 - y_1)(x_3 - x_1)$$

即可求得点 N 坐标，见式（3-6）。再通过让点 N 绕线段 dot_1、dot_2 旋转得到连接面所需要的顶点，依次重复即可在绘图之前计算出所有面顶点的坐标并保存。纱线模型示意图如图 3-3 所示。

图 3-3　纱线模型示意图

3.2　基于 OpenGL 的线圈三维仿真

在通过计算确定了所有面的顶点之后，就可以通过 OpenGL 的核心库函数 gl 将每三个点连接成一个平面。通过对所有规定的三角形面的构建，就可实现对于较为复杂的曲面的仿真，实现较为逼真的仿真效果。模仿现实世界中的光照效果也是仿真较为关键的步骤，为了后续添加光照所以在绘图前还需要计算出每一个面的法向量。

将向量 $\boldsymbol{\beta}$ 单位化后即可得到由 A、B、C 三点确定的平面的法向量，就可以在此基础上实现光照效果的模拟。图 3-4 即为得到的最终三维仿真效果。

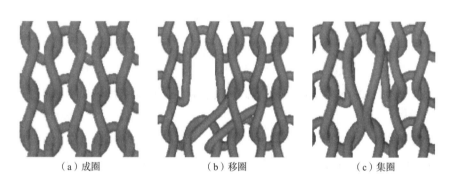

（a）成圈　　　　　　　　（b）移圈　　　　　　　　（c）集圈

图 3-4　线圈三维仿真图

3.3　线圈几何模型控制点的获取

纬编针织物的正反面分别是根据花型图案和提花效应要求，织针选择性地出针编织成圈形成的。因此，纬编针织物线圈模型包括成圈、浮线、移圈以及集圈。如图 3-5 所示，在实物基础上，利用网格模型，以网格四个顶点坐标为基准，来确定线圈控制点的坐标（以成圈为例）。此法可以勾勒出线圈的基本轮廓，且控制点能够控制后续型值点的走向，通过对控制点的插值计算得到线圈主干上坐标点的坐标。

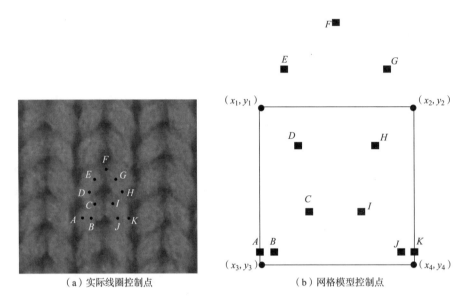

（a）实际线圈控制点　　　　　　　（b）网格模型控制点

图 3-5　实际线圈控制点与网格模型控制点

3.4　线圈几何模型型值点的获取

3.4.1　型值点获取方法的比较

在获取纬编线圈控制点之后，需要通过相关方法得到线圈主干轮廓的曲线方程或型值点坐标。在过去的研究中，常采用 Bezier 曲线和 NURBUS 曲线对线圈模型进行几何建模，得到线圈主干轮廓曲线。但是 Bezier 曲线和 NURBUS 曲线都不会经过控制点，这使得控制点难以控制纬编线圈主干轮廓，若稍对某一控制点的坐标做出相应修改，则会使线圈主干轮廓发生意料之外的变形。

所以，本文采用插值算法得到主干轮廓型值点的坐标。使用分段三次 Hermite 插值算法来实现插值。Hermite 插值算法依据计算斜率的方式不同可以分为 Spline 插值算法以及分段三次插值算法。Spline 插值算法保证一阶、二阶导数连续，而分段三次插值算法只保证一阶导数连续。但是 Spline 插值算法与分段三次插值算法相比，不具有子区间上的单调性，如图 3-6 所示。与分段三次插值算法相比，由于 Spline 插值算法需要保证二阶导数连续且无法实现子区间上的单调，所以保形性较差。在较为平坦的区域，Spline 插值算法会出现"龙格"现象，导致在实际建模中出现不可预计的形变。而分段三次方插值算法在弯折区域实现了较为平滑的连接，在平坦区域能依据控制点的真实轨迹完成插值。因此，采用分段三次插值算法得到线圈主干轮廓型值点的坐标。

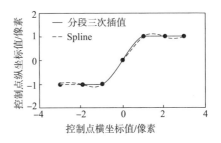

图 3-6　Spline 插值算法与分段三次插值算法比较

3.4.2　分段三次插值算法

分段三次插值算法是在保持区间单调性的同时，使得样点处的一阶导数连续，具有较好的保形性。已知 11 个控制点的坐标为 $(x_n, y_n, z_n)(n=1, 2, 3, \cdots$ 且 $n \leqslant 11)$，由于需要构建 XYZ 的三维坐标的对应关系，所以需要引入中间变量 t_n 来映射 3 个坐标的关系。令 $t_n=\{0, 1, \cdots, n, n \leqslant 11\}$，可以映射出三组对应关系分别为 (t_i, x_n)、(t_i, y_n)、(t_i, z_n)，每一组对应关系分别通过分段三次插值算法，就可以得到型值点的坐标。以映射关系 (t_n, x_n) 为例，n 个节点将 x_n 划分为 k（$k=n-1$）个区间，在第 k 个区间上的三次插值函数定义见下式：

$$F_k(t) = f_{k-1}(t - t_{k-1}) + \left[\frac{3(x_k - x_{k-1})}{(t_k - t_{k-1})^2} - \frac{2(f_{k-1} + f_k)}{t_k - t_{k-1}}\right](t - t_{k-1})^2 +$$

$$\left[-\frac{2(x_k - x_{k-1})}{(t_k - t_{k-1})^3} - \frac{f_k + f_{k-1}}{(t_k - t_{k-1})^2}\right](t - t_{k-1})^3 + x_{k-1} \tag{3-7}$$

F_k 表示多项式在 k 点的一阶导数。一阶导数可以通过对左右一阶差商加权的方法来获得，得到：

$$f_k = \frac{\delta_k \cdot \delta_{k+1}}{m_1 \delta_k + m_2 \delta_{k+1}} \tag{3-8}$$

$$\delta_k = \frac{x_k - x_{k-1}}{t_k - t_{k-1}} \tag{3-9}$$

权重系数 m_1、m_2 由相邻（相近）节点求得，见下式：

$$m_1 = \frac{t_{k+1} - 2t_{k-1} + t_k}{3(t_{k+1} - t_{k-1})} \tag{3-10}$$

$$m_2 = \frac{2t_{k+1} - t_{k-1} - t_k}{3(t_{k+1} - t_{k-1})} \tag{3-11}$$

通过相同过程可以分别求得 X、Y、Z 三维坐标，插值后得到型值点坐标，型值点相对于网格位置如图 3-7 所示。可以看出，型值点在控制点基础上可以更加明确地描绘出线圈主干的三维轮廓。

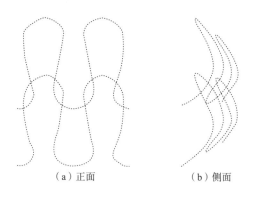

（a）正面　　　　　（b）侧面

图 3-7　线圈型值点

3.5　纬编针织物线圈的三维模拟及变形实现

3.5.1　纬编针织物基本成圈线圈的模型建立

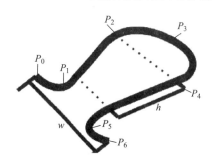

图 3-8　基本成圈线圈的几何模型

在 Peirce 经典纬编线圈模型基础上，将成圈线圈模型分为 P_0P_1、P_1P_2、P_2P_3、P_3P_4、P_4P_5 和 P_5P_6 六部分，其中 P_0P_1、P_2P_3、P_3P_4 和 P_5P_6 在 XOY 上的投影是椭圆弧曲线，P_1P_2 和 P_4P_5 的投影是直线，如图 3-8 所示。对线圈模型建立分段函数，根据横机下机布样测得线圈圈高 $h=8mm$，圈距 $w=8mm$，s 表示线圈的纱线直径，可看作纱线的厚度。

$$P_0P_1 \text{段：} \begin{cases} x = \dfrac{w}{3} \times \cos\alpha \\[2mm] y = -\dfrac{h}{2} \times \sin\alpha + \dfrac{h}{6} \qquad 0 \leqslant \alpha \leqslant \dfrac{\pi}{2} \\[2mm] z = \dfrac{s}{2} + \dfrac{s}{2} \times \cos(2\alpha) \end{cases} \tag{3-12}$$

$$P_1P_2 \text{ 段：} \begin{cases} y = -\dfrac{4h}{w} \times x + \dfrac{3h}{2} \\ z = 0 \end{cases} \quad \dfrac{w}{6} \leqslant x \leqslant \dfrac{w}{3} \quad\quad (3\text{-}13)$$

$$P_2P_3 \text{ 段：} \begin{cases} x = -\dfrac{w}{3} \times \cos\alpha + \dfrac{w}{2} \\ y = \dfrac{h}{2} \times \sin\alpha + \dfrac{5h}{6} \quad 0 \leqslant \alpha \leqslant \dfrac{\pi}{2} \\ z = \dfrac{s}{2} - \dfrac{s}{2} \times \cos(2\alpha) \end{cases} \quad\quad (3\text{-}14)$$

根据假设正常成圈线圈的模型是对称的理想状态，则可得到 P_3P_4 段、P_4P_5 段和 P_5P_6 段的模型方程为式（3-15）~ 式（3-17）。

$$P_3P_4 \text{ 段：} \begin{cases} x = \dfrac{w}{3} \times \cos\alpha + \dfrac{w}{2} \\ y = \dfrac{h}{2} \times \sin\alpha + \dfrac{5h}{6} \quad 0 \leqslant \alpha \leqslant \dfrac{\pi}{2} \\ z = \dfrac{s}{2} + \dfrac{s}{2} \times \cos(2\alpha) \end{cases} \quad\quad (3\text{-}15)$$

$$P_4P_5 \text{ 段：} \begin{cases} y = \dfrac{4h}{w} \times x - \dfrac{15h}{6} \\ z = 0 \end{cases} \quad x \in \left(\dfrac{2w}{3}, \dfrac{5w}{6} \right) \quad\quad (3\text{-}16)$$

$$P_5P_6 \text{ 段：} \begin{cases} x = -\dfrac{w}{3} \times \cos\alpha + w \\ y = -\dfrac{h}{2} \times \sin\alpha + \dfrac{h}{6} \quad 0 \leqslant \alpha \leqslant \dfrac{\pi}{2} \\ z = \dfrac{s}{2} + \dfrac{s}{2} \times \cos(2\alpha) \end{cases} \quad\quad (3\text{-}17)$$

3.5.2　纬编针织物其他线圈单元的模型建立

3.5.2.1　基本集圈线圈模型的建立

在构建集圈线圈的几何模型时，仍然认为它由圆弧和直线段组成。集圈线圈的沉降弧由于没有前一横列旧线圈的约束作用，圈干向两侧扩张，当其沉降弧和相邻线圈沉降弧之间所形成的空隙距离为一个纱线直径时，受到串套线圈的阻碍作用而达到稳定状态，如图 3-9 所示。将集圈的线圈模型分为 P_0P_1、P_1P_2、P_2P_3、P_3P_4、P_4P_5 和 P_5P_6 曲线段。集圈线圈与成圈线圈在形态上的区别体现在 P_0、P_1 和 P_5、P_6 四点的坐标选取以及两端圈柱的长度绘制两方面。

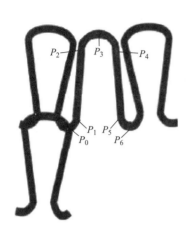

图 3-9　基本集圈线圈模型

其中，P_0P_1、P_2P_3、P_3P_4 和 P_5P_6 在 XOY 平面上的投影是椭圆弧曲线，P_1P_2 和 P_4P_5 在 XOY 平面上的投影是直线，在 YOZ 平面上的投影是 s 形曲线。根据针织横机下机织物的实物对照，标记坐标，确定 P_0、P_1、P_5、P_6 坐标参数。曲线 P_1P_2、P_4P_5 在 XOY 平面上投影是直线，对于多针单列的集圈组织，引入变量 vk，用于计算集圈的针数，当成圈圈柱和移圈圈弧上面有 $vk+1$ 个集圈线圈，其线圈圈弧就要套在集圈上方的成圈圈柱上，即线圈圈柱纵向伸长 vk 个花高即可。在基本成圈线圈的三角函数关系式的基础上，得到以下基本集圈线圈的三角函数关系，如式（3-18）~式（3-23）。

P_0P_1 段：
$$\begin{cases} x = \dfrac{w}{6}\cos\alpha - \dfrac{w}{6} \\[2mm] y = -\dfrac{h}{2}\sin\alpha + \dfrac{h}{6} + vk \times h \quad 0 \le \alpha \le \dfrac{\pi}{2} \\[2mm] z = 2 \end{cases} \qquad (3\text{-}18)$$

P_1P_2 段：
$$\begin{cases} y = \dfrac{8h}{w} \times x + \dfrac{h}{6} + vk \times h \qquad x \in \left(0, \dfrac{w}{12}\right) \\[2mm] z = \dfrac{s}{2} - \dfrac{s}{2} \times \cos(2\alpha) \end{cases} \qquad (3\text{-}19)$$

P_2P_3 段：
$$\begin{cases} x = \dfrac{w}{2} - \dfrac{5w}{12} \times \cos\alpha \\[2mm] y = \dfrac{5h}{2} + \dfrac{h}{2} \times \sin\alpha \quad 0 \le \alpha \le \dfrac{\pi}{2} \\[2mm] z = \dfrac{s}{2} + \dfrac{s}{2} \times \cos(2\alpha) \end{cases} \qquad (3\text{-}20)$$

P_3P_4 段：
$$\begin{cases} x = \dfrac{w}{2} + \dfrac{w}{12} \times \cos\alpha \\[2mm] y = \dfrac{5h}{6} + \dfrac{h}{2} \times \sin\alpha \quad 0 \le \alpha \le \dfrac{\pi}{2} \\[2mm] z = \dfrac{s}{2} - \dfrac{s}{2} \times \cos(2\alpha) \end{cases} \qquad (3\text{-}21)$$

P_4P_5 段：$\begin{cases} y = \dfrac{49h}{6} - \dfrac{8hx}{w} + vk \times h \\ z = 0 \end{cases}$ $\qquad x \in \left(\dfrac{11w}{12}, w \right)$ $\qquad$（3–22）

P_5P_6 段：$\begin{cases} x = \dfrac{7w}{6} - \dfrac{w}{6} \times \cos\alpha \\ y = \dfrac{h}{6} - \dfrac{h}{2} \times \sin\alpha + vk \times h \qquad 0 \leqslant \alpha \leqslant \dfrac{\pi}{2} \\ z = \dfrac{s}{2} + \dfrac{s}{2} \times \cos(2\alpha) \end{cases}$ $\qquad$（3–23）

从上式可知，在 P_0P_1、P_1P_2、P_4P_5、P_5P_6 段的 y 坐标中加入参数 vk 与 h 关联，vk 初始化为 0 即 $vk=0$，当成圈和移圈圈弧上面有 $vk+1$ 个集圈线圈，则集圈线圈较图 3-9 的集圈线圈纵向伸长 $vk \times h$ 段距离。

3.5.2.2　基本浮线线圈模型的建立

在纬编提花组织中，浮线总是呈水平浮线状处于不参加编织的织针针的后面，以连接相邻针上刚形成的线圈。由于浮线的几何模型受两边线圈的编织状况的影响较大，所以其模型一般是左边线圈的结束点和右边线圈的起点用直线连接而形成的。如图 3-10 所示，通常左边线圈的 P_6 与右边线圈的 P_0 形成长条浮线，其关键在于端点的确定，这里将只讨论两端均为成圈或移圈的情况下，横向上浮线的路径函数，如式（3-24）所示。

$$P_0P_6 \text{ 段：} \begin{cases} y = 0 \\ z = 2 \end{cases} \qquad x \in (w, 4w) \qquad （3\text{-}24）$$

3.5.2.3　基本移圈线圈模型的建立

如图 3-11 所示，右移线圈，根据下机织物移圈组织在 7 个控制点处的坐标变换，可以看到相对于图 3-8 中的成圈线圈模型，其 7 个控制点中的 P_0、P_1、P_2、P_3、P_4 向右偏移，P_5、P_6 向左偏移，根据下机织物的控制点坐标值以及线圈

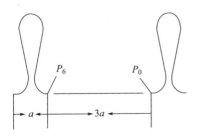

图 3-10　基本浮线线圈模型

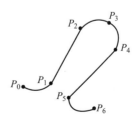

图 3-11　基本移圈线圈模型

模型建立分段函数，如式（3-25）~式（3-30）所示。

P_0P_1 段：
$$
\begin{cases}
x = \dfrac{w}{3} - \dfrac{w}{3} \times \cos\alpha \\[2mm]
y = -\dfrac{h}{6} - \dfrac{h}{6} \times \sin\alpha \qquad 0 \leqslant \alpha \leqslant \dfrac{\pi}{2} \\[2mm]
z = \dfrac{s}{2} + \dfrac{s}{2} \times \cos(2\alpha)
\end{cases}
\tag{3-25}
$$

P_1P_2 段：
$$
\begin{cases}
y = \dfrac{13h}{6} - \dfrac{7hx}{w} \qquad x \in \left(\dfrac{w}{3}, \dfrac{7w}{6} \right) \\[2mm]
z = 0
\end{cases}
\tag{3-26}
$$

P_2P_3 段：
$$
\begin{cases}
x = \dfrac{3w}{2} - \dfrac{w}{3} \times \cos\alpha \\[2mm]
y = h + \dfrac{h}{3} \times \sin\alpha \qquad 0 \leqslant \alpha \leqslant \dfrac{\pi}{2} \\[2mm]
z = \dfrac{s}{2} - \dfrac{s}{2} \times \cos(2\alpha)
\end{cases}
\tag{3-27}
$$

P_3P_4 段：
$$
\begin{cases}
x = \dfrac{3w}{2} + \dfrac{w}{3} \times \cos\alpha \\[2mm]
y = h + \dfrac{h}{3} \times \sin\alpha \qquad 0 \leqslant \alpha \leqslant \dfrac{\pi}{2} \\[2mm]
z = \dfrac{s}{2} + \dfrac{s}{2} \times \cos(2\alpha)
\end{cases}
\tag{3-28}
$$

P_4P_5 段：
$$
\begin{cases}
y = \dfrac{7hx}{w} - \dfrac{29h}{6} \qquad x \in \left(\dfrac{2w}{3}, \dfrac{11w}{6} \right) \\[2mm]
z = 0
\end{cases}
\tag{3-29}
$$

P_5P_6 段：
$$
\begin{cases}
x = w - \dfrac{w}{3} \times \cos\alpha \\[2mm]
y = -\dfrac{h}{6} - \dfrac{h}{6} \times \sin\alpha \qquad 0 \leqslant \alpha \leqslant \dfrac{\pi}{2} \\[2mm]
z = \dfrac{s}{2} - \dfrac{s}{2} \times \cos(2\alpha)
\end{cases}
\tag{3-30}
$$

3.5.2.4 扩展线圈模型的建立

在得到基本状态下的线圈模型的三角曲线函数之后，应该考虑到当各种线圈与线圈通过沉降弧连接在一起时，沉降弧的端点即点 P_0、P_6 可能发生坐标转移，即上述所构建的基本线圈模型将在不同的情况下以线圈端点为主发生变形。针对此种情形做出如下分析。

（1）扩展成圈线圈模型。当织物构建时，将成圈线圈表示为"1"，分析成圈线圈周围的线圈模型，根据线圈的沉降弧连接端点的不同来判定"1"所对应的成圈模型，如图 3-12 所示。

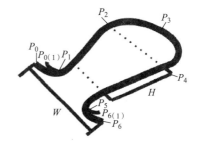

图 3-12　扩展成圈线圈模型

当"1"的下方存在移圈组织并存在未被套圈的情况，此时的"1"用基本集圈组织所代替，如图 3-13 所示。图 3-13（a）展示了当存在移圈组织时，其上方的"1"未被套圈而发生变形。从图 3-13（b）看到，即使存在移圈线圈，但其上方的成圈线圈由于被套圈而发生了基本的成圈变形。

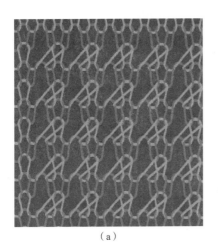
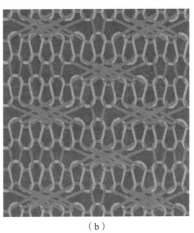

（a）　　　　　　　　　　　　　　　（b）

图 3-13　两种状态的移圈组织仿真图

（2）扩展集圈线圈模型。本文将集圈线圈模型用代号"2"表示，这里只讨论集圈线圈左右两侧的情况，如图 3-14 所示。

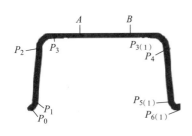

图 3-14　扩展集圈线圈模型

①当集圈线圈左侧是成圈线圈"1"，但右侧有 n 个集圈线圈时，集圈线圈将会由于右侧没有套圈而从 P_3 点开始被横向拉直，只从 P_0 绘制到 P_3，右半部分以 P_3 为起点横向产生浮线，浮线横跨长度为（$n-1$）w。②反之，当集圈线圈右侧成圈，而左侧有 n 个集圈线圈时，在左侧也会产生相应的浮线。③当集圈线圈左右两侧同时是集圈时，此时集圈线圈将会被两侧拉扯，而变成直线

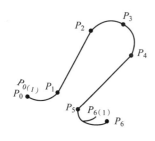

图 3-15 扩展移圈线圈模型

段即浮线 AB。

（3）扩展移圈线圈模型。扩展移圈线圈的几何模型（以向右移一针为例）如图 3-15 所示。移圈线圈由线圈主干 $P_1 \sim P_5$ 段和扩展线 P_0P_1、$P_{0(1)}P_1$、P_5P_6、$P_5P_{6(1)}$ 组成。当左边是成圈或移圈时，从 P_0 开始；当左边是集圈或浮线时，从 $P_{0(1)}P_1$ 开始。当右边是成圈或移圈时，从 P_6 结束；当右边是集圈或浮线时从 P_{16} 结束。

3.5.2.5 线圈模型的实现

由于 OpenGL 功能强大，语言复杂多样，本节仅以模拟纬平针织产品图像时所需知识为主，简单介绍以下几个操作步骤。在绘图之前，首先必须清除窗口，因为在计算机中，内存通常被计算机所绘的前一幅图所填满，因此在绘制新图形前应先把窗口清除为背景色。利用如下函数定义清除窗口。

void glClearColor（red, green, blue, alpha）;

void glClear（mask）;

函数第一行清除 RGBA 模式下的颜色缓冲区，red、green、blue 和 alpha 值根据需求截取，如（0.0，0.0，0.0，0.0）为黑色。第二行函数是指当前的缓冲区的清除值，包括颜色、深度、累积、模板缓存四种。接下来要指定绘制体的颜色。通常程序员首先初始化颜色方案，以免绘制物与背景色混淆，接下来进行模型绘制。

在得到若干个段曲线关于 x、y、z 的三角参数方程之后，调用 OpenGL 库函数来实现绘制。以 P_0P_1 段曲线为例。

```
# deFine PI 3.14159265358979323846
double w,h; 线圈宽 , 高
double x,y,z; 所绘制圆球体圆心坐标
double a;   a 角  20
double s;   纱线直径
int i,piec=40;  每段绘制 piec 个环
angle = angle*PI/180;
void glBegin(Glenum mode);
for (i = 0; i < = piec;i + + )
{ a= PI*i/piec;
x = i*(w/3)/piec;
```

y = h/2*sina+h/6;

z = s/2+s/2*cos(2a);

glLoadIdentity();

glTranslateF (x,y,z); // 多次移动 (x,y,z)

glutSolidSphere (s/2,v1,v2); // s/2 表示圆球体的半径 ,v1 表示围绕 z 轴分割的数目 ,v2 表示沿着 z 轴分割的数目。

　　} ················

void glEnd(void);

利用上述方法建立的模型，在 VC++ 编程环境下，可以比较真实地反映出线圈在三维空间中的串套情况。通过使用 C++ 语言中的 for 语句以及 OpenGL 中平移函数 glTranslateF（x，y，z），多次调用所建立的线圈模型，得到的纬平针织产品正面也达到了较为逼真的效果，如图 3–16 所示。

3.5.2.6　扩展线圈

由于线圈模型的形态比较复杂，为了简化线圈的形态变形，在 4 种基

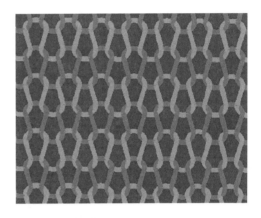

图 3–16　三维纬平针织物仿真图

础线圈模型三维曲线的基础上，利用三角函数关系以及参数的取值范围，可求出曲线上的控制点 P_n（x，y，z）。利用 Bezier 曲线原理，对曲线所经过相邻的控制点进行相应的矩阵运算，即可在改变任意控制点坐标的基础上对曲线的形态进行更新。通过上述对扩展线圈各种情况的讨论，在确定各个控制点后，即可开始利用下述绘制语句得到扩展线圈。基本成圈线圈代码如下。

PLOTXY(P1[0].x,P1[0].y,2,P1[1].x,P1[1].y,0,1,wd);

PLOTXY(P1[1].x,P1[1].y,0,P2[2].x,P2[2].y,0,0,wd);

PLOTXY(P2[2].x,P2[2].y,0,P2[3].x,P2[3].y,2,2,wd);

················

················

PLOTXY(P1[5].x,P1[5].y,0,P1[6].x,P1[6].y,2,1,wd);

左侧发生变化的成圈线圈代码：

PLOTXY(P1[7].x,P1[7].y,2,P1[1].x,P1[1].y,0,1,wd);

PLOTXY(P1[1].x,P1[1].y,0,P2[2].x,P2[2].y,0,0,wd);

PLOTXY(P2[2].x,P2[2].y,0,P2[3].x,P2[3].y,2,2,wd);

·················

·················

PLOTXY(P1[5].x,P1[5].y,0,P1[6].x,P1[6].y,2,1,wd);

从上面两组语句可以看到，线圈的绘制从左侧第一个控制点开始，当基本成圈线圈左侧发生改变时，左侧端点 P1[0].x，P1[0].y 被 P1[7].x，P1[7].y 所代替，发生形态变化。

3.5.3　纬编针织物线圈的三维仿真

如图 3-17（a）所示，在 $Z[x][y]$ 的 3×3 二维数组中，当 $Z[2][2]=2$ 时，也就表示在 $x=2$，$y=2$ 的二维坐标位置上的线圈类型为集圈，$Z[2][2]$ 左边的成圈线圈 $Z[1][2]=1$ 所代表的线圈模型如图 3-17（b）所示（其 P_5P_6 段相对于图 3-13 基本成圈模型，会在原 X 方向上向左移动，Y 方向保持不变），即所谓的扩展成圈线圈。

相反，$Z[2][2]$ 右边的"1"，$Z=[3][2]$ 表示的成圈组织相对于图 3-13 基本成圈模型，其左侧 P_0 点将会在原 X 方向上右移，Y 方向保持不变。

由于 $Z[2][2]$ 代表集圈而不成圈组织，所以 $Z[2][2]$ 下面的"1"，即 $Z[2][3]$，将在圈柱上以 vk 倍伸长并与"2"上面的"1"相套接，如图 3-17（c）所示。

通过 C++ 的 if 条件语句判定在"2"周围绘制不同的"1"，利用 OpenGL 函数结合各种曲线的三角函数关系为基础，即可绘制出如图 3-17(d) 的三维仿真图形。

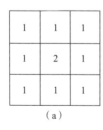   

1	1	1
1	2	1
1	1	1

（a）　　　　　　（b）　　　　（c）　　　　　　（d）

图 3-17　纬编针织物线圈的仿真

3.5.3.1　二维网格的构建原理

首先，二维网格中的矩形单元是对应特定的线圈模型，所以矩形单元的宽度和高度分别对应线圈的宽度与高度。将矩形设为宽 $w=8mm$，高度设为 $h=8mm$，分别等于成圈线圈的圈宽、圈柱高。

建立 $Z[x][y]=n$ 的二维数组，其中 x 表示列，y 表示行，二维网格由 $x \times y$ 个矩形单元构成。其中 n 表示线圈类型。

0—浮线，1—成圈，2—集圈，3—右移圈 1 针。

int Zw[3][3],Zz[3][3] ={ 1,1,1,1,1,1,1,1,1,} ;

建立了一个 3×3 的二维网格，其中 Zw[3][3] 表示线圈的二维数组，Zz[3][3] 表示网格中矩形的二维数组，而数组中初始化值均为 1，即可以认为这个组织是平针。

int Nv=3,Nh=3;int w=12;int h=8; float kFd=1;初始化矩形

for(j=0;j< Nv; j++)

for(i=0;i< Nh; i++)

Zw[i][j]=zz1[Nv−1−i][j];关联线圈与矩形，即确定线圈的存储位置

for(j=0;j< Nv+1;j++)

for(i=0;i< Nh+1;i++)

{

wg[i][j].x =x0+w*j*kFd;//+(i%2)*0.2*w*kFd;

wg[i][j].y= y0+i*h*kFd;//+ (j%2)*0.2*w*kFd;

} 通过 for 语句绘制坐标，其中 kFd 为坐标的放缩倍数。

3.5.3.2　纬编织物的仿真实现

针织产品结构外观的仿真，以形态可控的 Bezier 线圈模型为织物仿真基础，运用三维图像处理技术，实现了对针织产品结构的良好模拟。在进行织物的三维实现时，首先设定 w，h 的最终值，这里采取 $w=8$mm，$h=8$mm。

（1）纬平针织物的仿真实现。平针组织由于线圈在配置上的定向性，因而在针织产品的正反面具有不同的几何形态，其正面的每一线圈具有两根与线圈纵行配置成一定角度的圈柱，反面的每一线圈具有与线圈横列配置成一定角度的圈弧。其正、反面结构如图 3-18 所示。

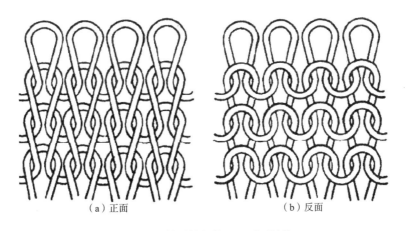

（a）正面　　　　　　　　　　（b）反面

图 3-18　纬平针织物正、反面结构

如图 3-19（a）、图 3-19（b）所示，为了能观察正反面线圈模型，引入 glRotated（a，1.0，-1.0，0.0）；旋转函数，可将正面线圈旋转 180° 来得到反面线圈的效果。此时，平针组织可以看作是在 9×9 的二维网格中以数组值为"1"的二维数组所绘制而成。

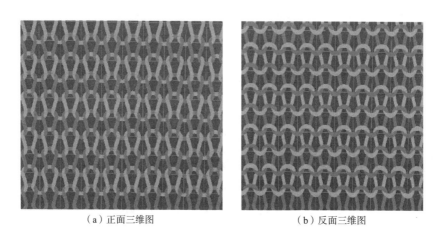

（a）正面三维图 （b）反面三维图

图 3-19 纬平针织物正反面仿真图

Zz[9][9]={

1,1,1,1,1,1,1,1,1,

1,1,1,1,1,1,1,1,1,

1,1,1,1,1,1,1,1,1,

1,1,1,1,1,1,1,1,1,

1,1,1,1,1,1,1,1,1,

1,1,1,1,1,1,1,1,1,

1,1,1,1,1,1,1,1,1,

1,1,1,1,1,1,1,1,1,

1,1,1,1,1,1,1,1,} ;

以下对关于"1"绘制的代码进行简单分析，并表述其绘制的过程。

if(**Z**z[i][j]==1) // 在 x=i,y=j 处为"1"

{ vPlot(P0,P,P3,i,j+1,wg,num,kFd); // 由 B 线封装的动态控制点函数

if((**Z**z[(i-1+N)%N][j]>=3)···..)) //if 语句判定线圈形态 // 利用 Bezier 曲线对控制点进行选取得到图形

{ PLOTXY(P1[13].x,P1[13].y,2,P1[21].x,P1[21].y,0,1,wd);

....

………………

{else

{ if(**Z**z[i][(j−1+N)%N]==1||**Z**z[i][(j−1+N)%N]>=3)

……

PLOTXY(P1[7].x,P1[7].y,2,P1[1].x,P1[1].y,0,1,wd);

}

else

{ PLOTXY(P1[7].x,P1[7].y,2,P1[1].x,P1[1].y,0,1,1)

;}

int k=0;

while(**Z**z[(i+1+k+N)%N][j]==2||**Z**z[(i+1+k+N)%N][j]==0) {k++;}

int vk=k; // 给出 vk=k, 线圈 "1" 将发生 (d) 种变形

vPlot(P0,P,P2,i+vk,j,wg,num,kFd);

PLOTXY(P1[1].x,P1[1].y,0,P2[2].x,P2[2].y,0,0,wd);//1−2

if(**Z**z[i][(j−1+N)%N]==1)

………………

………………

while(**Z**z[(i+1+k+N)%N][j]==2||**Z**z[(i+1+k+N)%N][j]==0) {k++;}

vk=k;

vPlot(P0,P,P2,i+vk,j,wg,num,kFd);

PLOTXY(P2[4].x,P2[4].y,0,P1[5].x,P1[5].y,0,0,wd);

if(**Z**z[i][(j+1+N)%N]==1||**Z**z[i][(j+1+N)%N]>=3) {

if((**Z**z[(i−1+N)%N][(j+1+N)%N]>=3)&&……&&**Z**z[(i−1+N)%N][(j+4+N)%N]!=8&&(**Z**z[i][(j+1+N)%N]<3){PLOTXY(P1[5].x,P1[5].y,0,P1[8].x,P1[8].y,2,1,wd); }

else{

PLOTXY(P1[5].x,P1[5].y,0,P1[6].x,P1[6].y,2,1,wd);

}

else {

PLOTXY(P1[5].x,P1[5].y,0,P1[8].x,P1[8].y,2,1,wd);//ok }

}//1

根据各种 if 判定语句,来判定 "1" 周围的情况,在这里本文针对的是多种情况下 "1" 的形态,但对纬平针织物而言只需要 6 段曲线的绘制语句即可。

（2）提花织物的仿真实现。提花织物的设计，基本步骤与纬平针组织相同。在设计时，以纬平针组织为地组织，在其基础上加以变化，以得到相应的线圈形态。

步骤1：设定浮线图标作为不编织单元的数组，用"0"表示。

步骤2：定义整型变量 vk，用于计算不编织的针数。

步骤3：用B样条曲线连接各点，以得到所需要的图形，如图3-20所示。

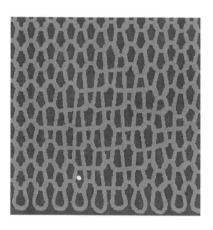

```
1，1，1，1，0，1，1，1，1

1，1，1，0，1，0，1，1，1

1，1，0，1，0，1，0，1，1

1，0，1，0，1，0，1，0，1

1，1，0，1，0，1，0，1，1

1，1，1，0，1，0，1，1，1

1，1，1，1，0，1，1，1，1
```

图3-20　单面提花织物数组与仿真图

（3）集圈组织的仿真实现。集圈组织利用集圈的排列和使用不同色彩与性能的纱线，可编织出表面具有图案、闪色、孔眼以及凹凸效应的织物，使织物具有不同的服用性能与外观。集圈组织又可分为单针单列、单针多列、多针单列等，通过在平针组织的基础上对"2"及周边的"1"予以变化即可实现。

步骤1：设定集圈图标作为半编织单元的数组用"2"表示。

步骤2：定义整型变量 vk，用于计算半编织针数。

步骤3：用B样条曲线对各控制点进行变形连接，得到所需要的图形。

图3-21（a）～（d）分别展示了单针单列、单针三列、三针单列和复杂花型的集圈组织三维仿真图。

（4）移圈组织的仿真实现。移圈织物的设计，基本步骤与上述几种织物相同。移圈分为多种，本节主要研究右移一针、右移两针、右移三针、左移一针、左移两针、左移三针六种情况。这六种移圈情况分别编号为3、4、5、6、7、8。

步骤1：根据需要设定移圈的种类作为单元的数组，用"3-8"表示。

步骤2：定义整型变量 vk，用于计算偏移的针数。

步骤3：用B样条曲线对各控制点进行变形连接，得到所需要的图形。

```
1 , 1 , 2 , 1 , 2 , 1 , 1

1 , 2 , 1 , 1 , 1 , 2 , 1

2 , 1 , 1 , 1 , 1 , 1 , 2

1 , 1 , 1 , 1 , 1 , 1 , 1
```

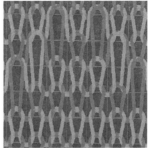

（a）单针单列集圈组织数组与仿真图

```
1 , 2 , 1 , 2 , 1

1 , 2 , 1 , 2 , 1

1 , 2 , 1 , 2 , 1

1 , 1 , 1 , 1 , 1

1 , 1 , 1 , 1 , 1
```

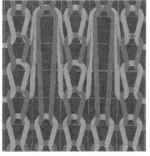

（b）单针三列集圈组织数组与仿真图

```
1, 1, 1, 1, 1, 1, 1, 1, 1

1, 1, 1, 2, 2, 2, 1, 1, 1

2, 2, 2, 1, 1, 1, 2, 2, 2

1, 1, 1, 2, 2, 2, 1, 1, 1

1, 1, 1, 1, 1, 1, 1, 1, 1
```

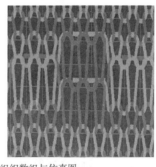

（c）三针单列集圈组织数组与仿真图

```
1 , 2 , 1 , 1 , 2 , 2 , 2

2 , 1 , 2 , 1 , 1 , 2 , 2

1 , 2 , 1 , 1 , 1 , 2 , 1

1 , 1 , 1 , 1 , 1 , 1 , 1

2 , 2 , 2 , 1 , 1 , 2 , 1

2 , 2 , 1 , 1 , 2 , 1 , 2

1 , 2 , 1 , 1 , 1 , 2 , 1
```

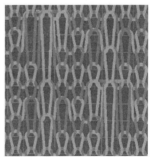

（d）复杂花型集圈组织数组与仿真图

图 3-21　集圈组织数组与仿真图

图 3-22（a）为右移一针左移一针构成的仿真图，图 3-22（b）为左右三针构成的绞花组织仿真图。

1, 1, 6, 1, 1, 1, 3, 1, 1

1, 1, 1, 6, 1, 3, 1, 1, 1

1, 1, 1, 1, 3, 1, 1, 1, 1

1, 1, 1, 1, 1, 1, 1, 1, 1

1, 3, 1, 3, 1, 3, 1, 3, 1

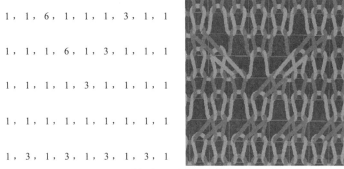

（a）单针移圈组织数组与仿真图

1, 1, 1, 1, 1, 1, 1, 1

1, 1, 5, 1, 1, 8, 1, 1

1, 1, 1, 1, 1, 1, 1, 1

1, 5, 1, 1, 1, 1, 8, 1

1, 1, 1, 1, 1, 1, 1, 1

1, 5, 5, 5, 8, 8, 8, 1

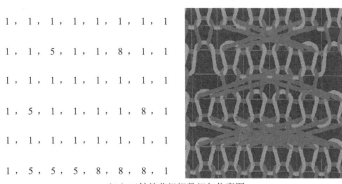

（b）三针绞花组织数组与仿真图

图 3-22　移圈组织数组与仿真图

3.5.4　纬编针织物线圈的变形仿真

3.5.4.1　纬编针织物中弹簧—质点网格模型的研究

弹簧—质点模型将织物假设为若干个质点的集合，质点间的相互关系归结为质点间的弹簧作用，如图 3-23 所示。

如图 3-24 所示，力与偏移量的关系在理想状态下呈直线形态（实线），而在实际的受力情况中，力与曲线偏移量的关系应是虚线部分所给出的抛物曲线的形态。

对于纬编针织物，其织物表现出来的网孔、稀薄、厚实等外观，并不是单根纱线的受力变化和几何变形形成的，而是不同成圈的经纱线在相交的时候，各自线圈相互作用形成的变形，是纱线对线圈的力的合成，而与机织物只是单纯的经纬纱线之间的作用不同，如图 3-25 所示。

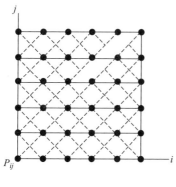

图 3-23　弹簧—质点网格

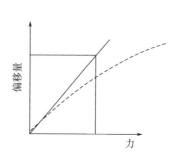

图 3-24　力与曲线偏移量关系图

　　将一个线圈分解成若干个曲线段，线圈变形实际上就是在曲线段上发生的，根据变形约束方案以及偏移 L 在力作用下的换算结果，得到如图 3-26（a）所示的曲线偏移。

　　线圈曲线受到 M 方向的力而产生虚线部分的偏移［图 3-26（b）］，当线圈曲线受到一个向下的力的作用时，线圈会发生弹性伸长，设目标织物的倔强系数为 k，设受到向下的作用力 M。根据胡克定律，本文对线圈的弹性伸长量 ΔL 表示为 $\Delta L=M/k$。

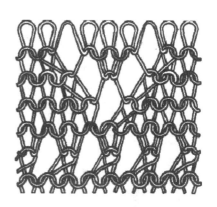

图 3-25　移圈组织外观

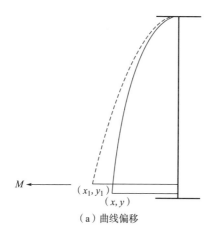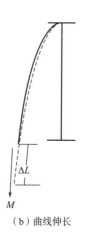

（a）曲线偏移　　　　（b）曲线伸长

图 3-26　曲线受力应变示意图

3.5.4.2 线圈受力形变分析

图 3-27 为本节对线圈变形测量的原理图，在下机织物中以成圈织物的圈高、圈柱为基准，设圈宽 $w=8mm$，圈柱高 $h=8mm$，根据织物的结合方法绘制基本集圈线圈的圈宽 $w=6mm$，圈高 $h=8mm$，如实线部分所示，表示在不受力 M 的情况下集圈线圈的状态。虚线部分则是根据对下机织物的实际集圈线圈的端点测试，确定重要控制点而绘制出的变形后的曲线形态。

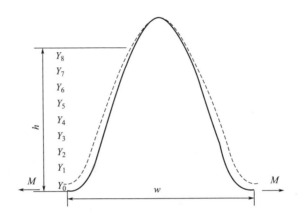

图 3-27 集圈线圈受力变形测量原理

根据受力变形测试原理图，以圈柱高 h 为基准，将线圈分为若干段，求出各段端点的偏移量寻找变化规律。这里将 h 分为 8 段，每段为 1mm，对 Y_0 到 Y_8 这 9 个点的坐标进行定点测试和偏移测试并计算得到各点的偏移量 ΔX、ΔY。集圈线圈变形偏移测试数据见表 3-1。

表 3-1 集圈线圈变形偏移测试数据

坐标	Y（mm）	$X \times 1.25$（mm）	Y_1（mm）	$X_1 \times 1.25$（mm）	ΔX（mm）	ΔY（mm）
Y_0	0	0	1.5	−3.2	3.2	1.5
Y_1	1	7	2.4	4.1	2.9	1.4
Y_2	2	10	3.3	7.4	2.6	1.3
Y_3	3	11	4.2	8.6	2.4	1.2
Y_4	4	12	5.1	9.8	2.2	1.1
Y_5	5	14	6.0	12.1	1.9	1.0
Y_6	6	16	6.8	14.4	1.6	0.8
Y_7	7	18	7.7	16.6	1.4	0.7
Y_8	8	20	8.5	19	1.1	0.5

从表 3-1 可以看到，随着 Y 值的增加，ΔX、ΔY 的值逐渐减小。利用偏移数据得到定点坐标与偏移量的关系图，如图 3-28 所示。

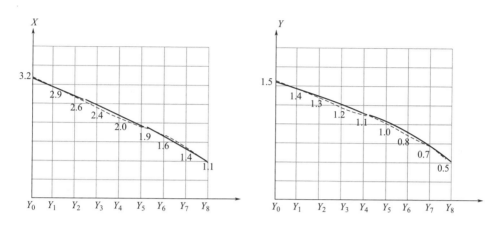

图 3-28　集圈线圈变形偏移曲线图

利用描点分析的方法在图中勾勒出 X、Y 从 Y_0 到 Y_8 这段曲线在受力之后的偏移量的曲线关系，从图中可以看到其偏移量的变化关系并非直线关系，这也验证了上述提到的变形约束的实际修正方案。从曲线图可以看到 ΔX、ΔY 随着 Y 变化的曲线函数类似抛物线轨迹，所以本节利用 $A=-\sqrt{B}+a$ 这种曲线方程来描述集圈线圈的 ΔX、ΔY 变形，其中 B 代表曲线的坐标函数，a 为指定参数值如 8mm，A 为偏移量。

在以平针组织为地组织的基础上，对集圈组织的受力与变形进行分析，如图 3-29 所示。

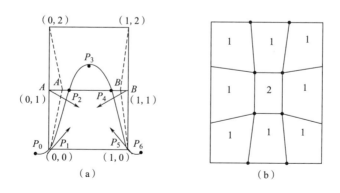

图 3-29　集圈组织变形原理

图 3-29（a）的集圈线圈主体位于矩形单元中，根据横机下机布样的测距结

合针织学的线圈牵扯关系发现，P_0、P_6 两点因左右两线圈被拉扯而导致集圈线圈发生变形，集圈线圈 P_2、P_4 两端点处将受到来自 A、B 两点的力，带动其向内下侧移动，A、B 两点位置将会发生偏移，而转移到 A_1、B_1，这里 A_1、B_1 相对 A、B 均有向内向下的趋势。对于集圈下方的成圈线圈，由于跨线圈圈套的以及线圈圈弧出被套的关系，线圈本身会发生向内的收缩，所以成圈线圈的上端点即 P_1、P_5 处又会发生向内侧的挤压变形。

图 3-29（b）表示了网格与数组之间的位置关系，也进一步显示了集圈线圈位于网格正中位置时各网格端点的状态。当存在集圈组织时，其变形的基本方式可从图 3-29（b）中看到，"2"的周围端点均被看作向内侧偏移，因为"2"本身被左右线圈所拉扯，而上方存在圈套产生的拉力，根据反作用力的原理，"2"周围会发生如图 3-29（b）所示的矩形单元的变形。

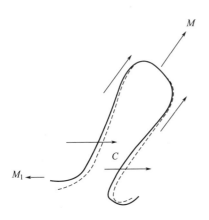

右移圈线圈因跨针的原因，造成线圈主要受 M 方向力的拉扯，而左侧因为线圈圈弧较右侧会变短将受到 M_1 的拉扯，最终导致线圈产生 C 方向的变形力，如图 3-30 所示。实体部分为未受到力的线圈，虚线部分为变形后的线圈状态。

图 3-30 移圈线圈应力变形图

3.5.5 纬编针织物线圈的动态仿真

3.5.5.1 集圈织物的动态仿真

步骤 1：绘制三维线圈模型。前文已经对线圈模型的绘制过程给予了具体的解释，这里只对所需线圈模型加以概述。如图 3-31 所示，该图是对图 3-30 的二维图形仿真，它是根据 Bezier 曲线原理，通过标记控制点，并利用二维数组的理论所绘制而成。从图中可以看到，需要构建的曲线模型有基本成圈线圈模型、成圈线圈左右端点发生变形的扩展模型、伸长 $3vk$ 倍的成圈线圈扩展模型、单针单列集圈线圈模型、单针双列（即额外伸长 vk 倍）集圈线圈扩展模型。

步骤 2：创建二维数组绘制网格和织物。创建一个 20 行 20 列的二维数组 $Zz_1[20][20]$，根据前面网格与线圈的对应原理，用"2"表示集圈所在位置，用"1"表示成圈所在位置，根据实物图分析，确定集圈和成圈所在位置，在二维数组中作出相应的标记，如图 3-32 所示。

在步骤 1 作出所需线圈模型之后，利用 VC++ 编程语言中的 if 条件语句和

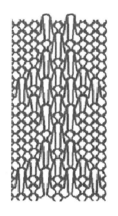

图 3-31　二维集圈织物仿真图

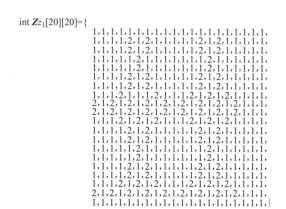

图 3-32　真实组织的二维数组

```
int Zz₁[20][20]={
1,1,1,1,1,1,1,1,1,1,1,1,1,1,1,1,1,1,1,1,
1,1,1,1,2,1,2,1,1,1,1,1,2,1,2,1,1,1,1,1,
1,1,1,1,2,1,2,1,1,1,1,1,2,1,2,1,1,1,1,1,
1,1,1,1,1,2,1,1,1,1,1,1,1,2,1,1,1,1,1,1,
1,1,1,1,1,2,1,1,1,1,1,1,1,2,1,1,1,1,1,1,
1,1,1,1,2,1,2,1,1,1,1,1,2,1,2,1,1,1,1,1,
1,1,1,1,2,1,2,1,1,1,1,1,2,1,2,1,1,1,1,1,
2,1,2,1,2,1,1,1,2,1,2,1,2,1,2,1,2,1,1,1,
2,1,2,1,2,1,2,1,2,1,2,1,2,1,2,1,2,1,1,1,
1,1,1,1,2,1,2,1,1,1,1,1,2,1,2,1,1,1,1,1,
1,1,1,1,2,1,2,1,1,1,1,1,2,1,2,1,1,1,1,1,
1,1,1,1,1,2,1,1,1,1,1,1,1,2,1,1,1,1,1,1,
1,1,1,1,1,2,1,1,1,1,1,1,1,2,1,1,1,1,1,1,
1,1,1,1,2,1,2,1,1,1,1,1,2,1,2,1,1,1,1,1,
1,1,1,1,2,1,2,1,1,1,1,1,2,1,2,1,1,1,1,1,
2,1,2,1,2,1,2,1,2,1,2,1,2,1,2,1,2,1,1,1,
1,1,1,1,1,1,1,1,1,1,1,1,1,1,1,1,1,1,1,1,}
```

for 循环语句，使线圈模型产生在相应的数组所在的位置。由于二维数组的数字变更是在后台程序完成的，为了实现前台人机可视化友善操作界面，本节在 MFC 的平台上建立可视化对话框，通过对话框来选择图形图标，将数组存储在相应的图标中，利用图标来完成对织物的三维绘制。如图 3-33（a）所示，该对话框创建的菱形织物意匠图用"×"来表示"1"即成圈线圈，用"·"表示"2"即集圈线圈，图 3-33（b）为未经过变形处理的集圈组织。

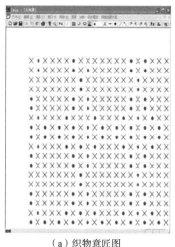

（a）织物意匠图

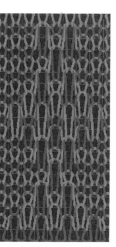

（b）织物三维仿真图

图 3-33　集圈织物意匠图与仿真图

步骤 3：分析织物中线圈的受力变形情况并实现三维变形效果。根据对织物实物的分析，织物内部主要存在由集圈线圈与周边线圈之间发生的作用力产生的牵扯变形，根据前文对集圈组织的受力与变化的分析，并结合矩形变形原理对线圈进行形态变形。线圈变形的具体程序段如下。

```
BOOL CPlmyView::wg3(POINTF wg[24][24],int i,int di,int j,int dj,int ch1,int ch2,int
ch3,int ch4) {if(ch4==3)//l d
  {wg[(i+di)%10][(j+dj)%10].x-=0.8;
  …………
  …………
  wg[(i+di)%10][(j+dj+1)%10].y-=0.4;
  }
  if(ch3==1)
  { wg[(i+di)%10][j].x+=0.8; wg[(i+di)%10][j].y-=0.8;
  …………
  …………
  }
  if(ch1==7)
  { wg[i][j].x+=0.8; wg[i][j].y+=0.8;
  …………
  …………
  }
  if(ch2==5)
  { wg[i][(j+dj)%10].x-=0.8; wg[i][(j+dj)%10].y+=0.8;
  …………
  …………
  } return 1;
```

此段程序函数是一个bool型函数，当情况"是"的时候会发生，反之不会发生。$ch1$、$ch2$、$ch3$、$ch4$分别表示目标矩形的四个角的标记，如图3-34所示。当$ch1=7$时，则表示在矩形标记为"1"的端点处所受到"7"的变形。本节将这种变形分为3个分量，传递到目标端点上，如图中的三根箭头所示。传递后端点1偏移到P处，虚线则表示在端点1偏移后网格发生的偏移变化。

根据集圈组织变形理论分析，结合对集圈线圈的变形状态得到单针单列的集圈组织的网格受力变形如

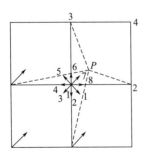

图3-34　目标矩形变形

图 3-35 所示。

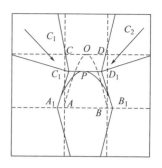

图 3-35 中，虚线是未变形状态下网格以及集圈线圈所在位置，根据对集圈线圈的受力分析，当受到主要牵扯力 M_1、M_2 作用之后，集圈线圈所在网格上端点分别受到 C_1、C_2 的变形力，这两个力即本文假设的使得网格发生变形的力，而变形状态根据变形力来决定。当变形力为 a 时，根据参数方程 $A=-B+C$ 对端点的变形程度，控制在 $L=(C-0.894)a$ 即 wg 的值为 0.8（$wg=B$），越远离受力端点其改变状态也越小。根据变形方程 $A=-\sqrt{B}+C$，网格直线会以端点为中心点呈抛

图 3-35　单针单列的集圈
组织网格受力变形图

物线轨迹发生偏移，进而带动曲线发生相应的偏移。从图 3-35 中可以看到，当虚线所代表的原始状态发生变形而形成实线状态时，集圈线圈上网格端点从 C、D 偏移到 C_1、D_1，下网格端点从 A、B 偏移到 A_1、B_1，其中点 C、D 在 x、y 方向上发生了较大的偏移。根据力与曲线的关系，由于 A、B 两点受到两边线圈的横向牵扯使得向下的形变力无法起到很明显的效果，所以假设在 y 方向上发生了较少的偏移。伴随着网格的受力变形，集圈线圈也相应地发生形态改变，其中顶点 O 向下偏移到 P，经过网格端点的两点 A、B 也随之偏移到 A_1、B_1。

根据上述对集圈组织的受力变形分析，结合三维绘制方法对单针单列的集圈组织进行了三维变形，实验结果如图 3-36 所示。

在对上述方案实现完毕之后，针对菱形形态织物的结构，结合上述步骤对织物进行三维变形仿真，如图 3-37 所示。

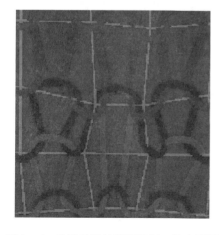

图 3-36　单针单列的集圈组织三维变形图

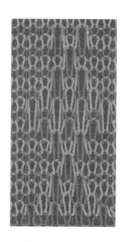

图 3-37　具有菱形形态集圈组织三维变形图

3.5.5.2　移圈织物的动态仿真

图 3-38（a）为移圈织物的实物图，从图中可以看到这个移圈织物包括右移 1 针线圈模型、左移 1 针线圈模型、左右移 3 针线圈模型。其中绞花形态由左右移 3 针构成。图 3-38（b）为实物图在二维数组中的相应数组位置。

（a）移圈织物实物图　　　　（b）移圈织物数组

图 3-38　移圈织物分析

在具体论述集圈织物三维变形仿真步骤的基础上，结合上述的步骤 1 到步骤 3，对网孔移圈织物的三维动态变形图进行了实现，实验效果如图 3-39 所示。

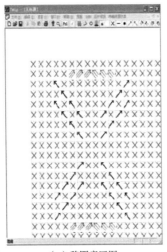

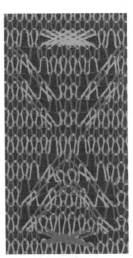

（a）移圈意匠图　　　　　　（b）移圈仿真图

图 3-39　网孔移圈织物的三维动态变形图

　　本章介绍了弹簧质点中网格质量的情况，并根据网格质点的思想，提出了利用网格矩形单元关联线圈对线圈进行变形的新方法。通过对集圈、移圈在下机织物形态与理想状态组织形态的数据提取与分析创建了一种与偏移量相关的抛物线参数方程。方程利用网格端点关联曲线控制点，根据参数方程对矩形网格端点进行偏移实现线圈的相关偏移。根据上述理论，实现了对织物结构的三维变形效果。

第4章 经编针织物的二维及三维仿真

4.1 编链针织物线圈模型的构建

由于 Beizer 曲线能较好地反映线圈的弯曲形态，在研究经编贾卡地组织编链的结构形态时，运用 Bezier 曲线对地组织开口编链和闭口编链进行建模仿真。以闭口编链为研究对象，定义基本线圈单元的长度为一个针距，高度为两个横列之间的距离，建立的坐标系如图 4-1 所示。该坐标系 X 轴以向右为正，Y 轴以向下为正。则组织上任一点 $P(x, y)$ 可以表示为：

$$\begin{cases} x = x_0 + i \cdot w + n \cdot \mathrm{d}x \\ y = y_0 + j \cdot h + m \cdot \mathrm{d}y \end{cases} \tag{4-1}$$

式中，x_0、y_0 为起始点坐标；w 为一个针距长度；h 为两个横列之间的高度。i、j 为常数。

如图 4-1 所示，其中，每一个单元格即为一个组织循环，设定每一个单元格为一个 7×7 的坐标系，并以每个单元格的左上角第一个点为坐标原点。点 a 到点 j 即为该闭口编链建模在程序中的控制点。根据式（4-1）依次确定 $a \sim j$ 点的坐标值，见表 4-1。闭口线圈由直线段 bc、圆弧段 cd、直线段 df，以及三次方 Bezier 曲线段 fi 和直线段 ij 组成。通过以上 11 个控制点的坐标，就可以将压纱型贾卡经编针织产品中闭口编链的线圈形态表示出来。运用 C++ 编程的 for 循环可将其整个线圈进行仿真。采取同样方法可得开口线圈的仿真图。图 4-2 为运用

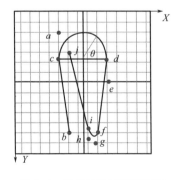

图 4-1 闭口编链线圈坐标图

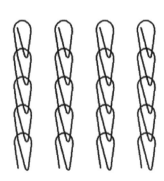

图 4-2 编链仿真图

C++ 及 Bezier 曲线实现闭口编链地组织仿真图。而编链中各段曲线的参数方程如式（4-2）~ 式（4-6）所示。

表 4-1　闭口编链线圈模型的控制点坐标

控制点	X	Y
a	$x_0+i \cdot w+（7-2.5）dx$	$y_0+j \cdot h+2dy$
b	$x_0+i \cdot w+（7-1.5）dx$	$y_0+i \cdot h+12dy$
c	$x_0+i \cdot w+（7-2.5）dx$	$y_0+i \cdot h+5dy$
d	$x_0+i \cdot w+（7+2.5）dx$	$y_0+i \cdot h+5dy$
e	$x_0+i \cdot w+（7+2.5）dx$	$y_0+i \cdot h+7dy$
f	$x_0+i \cdot w+（7+1.5）dx$	$y_0+i \cdot h+12dy$
g	$x_0+i \cdot w+（7+1.3）dx$	$y_0+i \cdot h+13dy$
h	$x_0+i \cdot w+（7+0.5）dx$	$y_0+i \cdot h+12.5dy$
i	$x_0+i \cdot w+（7+0.5）dx$	$y_0+i \cdot h+11.6dy$
j	$x_0+i \cdot w+（7-1.5）dx$	$y_0+j \cdot h+4dy$

直线段 bc 的方程为：

$$y-y_b = \frac{y_c - y_b}{x_c - x_b}(x-x_b) \qquad x_c \leqslant x \leqslant x_b \qquad （4-2）$$

圆弧段 cd 的方程为：

$$x = \frac{x_c + x_d}{2}\cos\theta \qquad 0 \leqslant \theta \leqslant \pi$$

$$y = y_c\sin\theta \qquad\qquad （4-3）$$

直线段 df 的方程为：

$$y-y_d = \frac{y_f - y_d}{x_f - x_d}(x-x_d) \qquad x_c \leqslant x \leqslant x_b \qquad （4-4）$$

三次方 Bezier 曲线段 fi 的方程为：

$$x = x_f(1-t)3 + 3x_j t(1-t)2 + 3x_h t2(1-t) + x_i t3 \qquad 0 \leqslant t \leqslant 1$$

$$y = y_f(1-t)3 + 3y_j t(1-t)2 + 3y_h t2(1-t) + y_i t3 \qquad （4-5）$$

直线段 ij 的方程为：

$$y-y_i = \frac{y_j - y_i}{x_j - x_i}(x-x_i) \qquad x_j \leqslant x \leqslant x_i \qquad （4-6）$$

4.2 压纱型贾卡经编针织物线圈模型的构建

压纱型贾卡线圈与编链地组织的同向垫纱和反向垫纱所形成的织物效应是不同的。如图4-3所示，由织物的效果图可以得知，当压纱型贾卡与编链进行同向垫纱时，将形成类似衬纬结构的平坦组织外观效应。而当压纱型贾卡与编链进行反向垫纱时，将形成类似压纱结构的厚实组织外观效应。如图4-4所示，对实物效果图进行了验证，而对这些因素进行三维仿真并研究不同垫纱产生的外观效应，将对生产实践产生一定的指导作用。

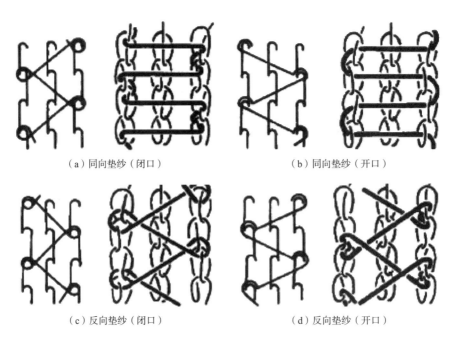

（a）同向垫纱（闭口）　　　　　　　　　（b）同向垫纱（开口）

（c）反向垫纱（闭口）　　　　　　　　　（d）反向垫纱（开口）

图4-3　压纱线圈与编链不同方向垫纱的效果图

4.2.1　压纱型贾卡经编针织物受力变形分析

以压纱线圈与编链地组织进行同向开口垫纱下机后的实物为例进行分析，图4-5（a）为跨两针贾卡（即新型贾卡四针技术中的0号贾卡组织）与编链一起编织时的理想形态。该图中每个纵行的编链线圈都是沿着纵行垂直于水平线分布，且每个纵行之间间隔的距离相同。由于在上机进行编织过程中，$a \sim f$ 各点为编链每横列的根部，由同一根织针所编织，理论上应在一个垂直线上，然而由于

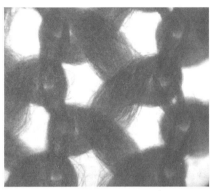

（a）反向闭口垫纱实物效果

（b）同向开口垫纱实物效果

图 4-4 压纱与编链同向及反向垫纱实物效果图

在编织的过程中贾卡延展线对编链线圈根部的拉力作用而使其产生一定的变形。如图 4-5（b）所示，以压纱线圈根部的 b 点为例来进行分析，在编链线圈根部，其受到右边与其一同编织的贾卡纱线两个延展线的拉力 F_1 及 F_2，两者的合力 F 为水平向右。同理可得图中 b、d、f 点的受力水平向右，a、c、e 点的受力水平向左。所以从图中可以看到，点 b、d、f 点的线圈根部相对向右发生偏移，点 a、c、f 点线圈根部相对向左发生偏移。以 b 点为例，编链垫纱数码走势是 0-1，而 c 点垫纱数码走势是 1-0。经总结发现垫纱数码从大到小，其受力向左，垫纱数码从小到大，其受力向右。

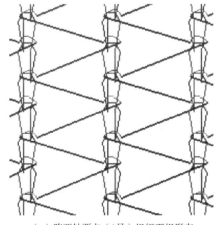

（a）跨两针贾卡（0号）组织理想形态

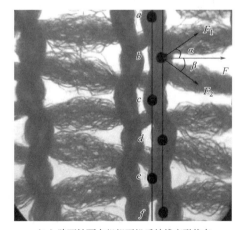

（b）跨两针贾卡组织下机后纱线变形状态

图 4-5 跨两针贾卡组织机上编织形态及下机变形对比

针对研究新型贾卡经编针织物中压纱纱线与地组织编链共同编织的受力变形分析，提出以下3点假设：

（1）由于下机织物在编链根部变形比较严重，而与编链根部一起进行编织的纱线是贾卡的延展线，所以假设编链地组织线圈根部发生偏移形变的主要原因是受到了贾卡纱线延展线的拉力作用。

（2）根据图4-5（b）中编链线圈的编链根部变形相对比较明显，所以把编链线圈根部作为受力点进行分析。

（3）由图4-5中（a）与（b）的线圈形态对比可看出，编链地组织的变形主要是在左右方向，而上下变形几乎可以忽略不计，所以在分析织物受力变形的过程中仅考虑线圈在左右方向的受力偏移。

4.2.2 压纱型贾卡经编针织物受力位移分析

对图4-5（b）中跨两针贾卡组织下机后纱线变形状态中的 b 点进行受力分析。b 点受到贾卡线圈偏右上方延展线的拉力 F_1 和偏右下方延展线的拉力 F_2 作用。则 b 点的受力大小及偏移由式（4-7）、式（4-8）解释。

$$F=F_1 \times \cos\alpha + F_2 \times \cos\beta \qquad (4-7)$$

$$d=\lambda F \qquad (4-8)$$

式中，d 为 b 点的横向位移，λ 为横向位移系数。λ 的大小受纱线材质、纱线的粗细、编织送经量、送经张力等因素的影响。

编链地组织的理想状态及受力后的下机松弛形态如图4-6所示。图4-6（a）为编链地组织线圈理想状态效应图，图4-6（b）为编链地组织受力变形后形态图。

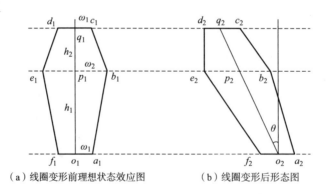

（a）线圈变形前理想状态效应图　　（b）线圈变形后形态图

图4-6　编链地组织线圈受力变形图

线圈受力变形的分析对工艺实现过程中贾卡色块组合搭配具有一定的指导意

义。线圈的变形受多方面因素的影响，而色块的搭配对其影响较大。不同大小网孔呈现不同的弯曲程度就是由于受力变形所导致的。厚实组织对纱线的拉力通常大于稀薄组织对纱线产生的拉力。只有综合考虑织物的受力变形才能设计出不同大小及弯曲变形的网孔，而受力变形分析也是仿真过程中重要的参考要素。

4.2.3　压纱型贾卡经编针织物线圈模型

压纱型贾卡成圈方式有两种：针前垫纱方式为 0–2/2–0// 和针前垫纱为 2–0/0–2//。而压纱线圈的形态是由其当前横列线圈与前一横列线圈及与下一横列线圈的相对位置关系所决定的（图 4–7）。用 v 表示前一横列线圈相对于当前横列线圈的位置关系，用 u 表示下一横列线圈相对于当前横列线圈的位置关系。用 –1，0，1 表示前一横列或下一横列线圈相对于该横列线圈的位置关系：–1 表示在左边纵行、在同一纵行、1 在右边纵行。例如 $u=-1$，$v=0$ 则表示前一横列和当前横列在左侧纵行而下一横列的线圈在当前横列线圈的同一纵行。如图 4–7 所示，实线箭头表示前一横列的相对位置，虚线箭头表示下一横列的相对位置。由于前一横列线圈即 $j-1$ 列线圈相对于当前横列即 j 列存在其左边纵行、同一纵行、右边纵行这三种位置关系，下一横列线圈即 $j+1$ 横列相对于当前横列即 j 横列也存在其左边纵行、同一纵行、右边纵行这三种位置关系，所以 A 方式及 B 方式的压纱线圈都有 9 种线圈形态，对其进行建模分析如下。

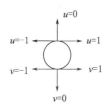

图 4–7　压纱线圈模型中当前横列与上下横列相对位置关系

注　u 表示下一横列线圈相对于当前横列线圈的位置关系，v 表示前一横列线圈相对于当前横列线圈的位置关系。

（1）当针前垫纱为 0–2/2–0// 时，即贾卡纱线是逆时针走向，9 种形态线圈模型如图 4–8 所示。

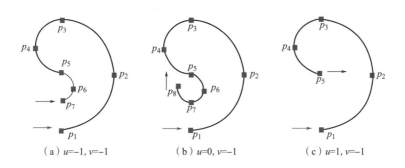

（a）$u=-1$, $v=-1$　　　（b）$u=0$, $v=-1$　　　（c）$u=1$, $v=-1$

图 4–8

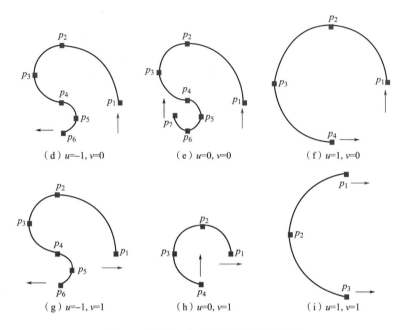

图 4-8 采用 A 方式成圈压纱线圈模型

（2）当针前垫纱为 2-0/0-2// 时，即贾卡纱线是顺时针走向，9 种形态线圈模型如图 4-9 所示。

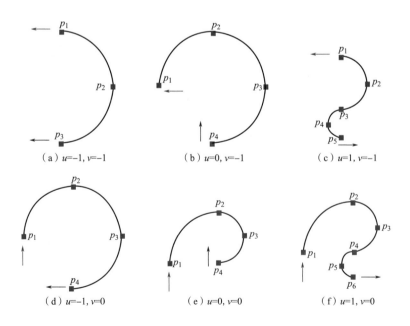

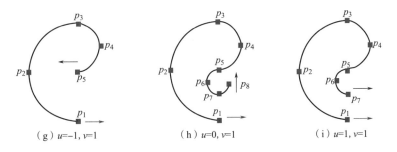

图 4-9　采用 B 方式成圈压纱线圈模型

在 VC++ 程序设计中判断 u、v 的条件如下：

if(s[(k+2)% hh]+s[(k+3)% hh]>s[k]+s[k+1])u=−1;

else if(s[(k+2)% hh]+s[(k+3)% hh]<s[k]+s[k+1])u=l;

else u=0;

if(s[(k−2+hh)% hh]+s[(k−1+hh)% hh]>s[k]+s[k+1])v=−1;

else if(s[(k−2+hh)% hh]+s[(k−1+hh)% hh]<s[k]+s[k+1])v=l;

else v=0;

以上 18 种状态罗列出了压纱型贾卡所有能形成的压纱纱线线圈形态。每个压纱线圈的起点都是 p_1 点，而图 4-8 及图 4-9 所构建的是压纱型贾卡压纱线圈在平面上的二维模型，在进行三维仿真的过程中，借助于以上的模型再考虑其与编链进行编织过程中在三维坐标中的 Z 坐标即不同的高位、低位等就可以对其与编链地组织进行三维模型的构建。下一节将通过三维坐标的构建及考虑当前横列线圈与其上一横列线圈及下一横列线圈的相对位置关系模拟出压纱型贾卡经编针织物中贾卡线圈与其编链编织的三维形态结构。

4.3　基于 OpenGL 的经编针织物三维仿真

OpenGL 作为三维仿真编程工具，因其图形质量高、标准化、性能稳定、灵活易用等特点而在工程应用中得到广泛应用。当织物进行三维编织时，考虑到线圈之间的空间三维位置关系会受光照影响，运用 OpenGL 建立光照模型进行仿真可以显著提升仿真质量。

开口编链线圈模型如图 4-10 所示，设定参数 ω、h、k 来表示线圈控制点坐标与纱线的运动轨迹。其中，编链一个循环的宽度为 ω，线圈的高度为 h，m、n 为常数，用 dz 来表示三维坐标中纱线控制点在线圈 Z 方向的大小，$k=1$ 表示仿真中线圈为逆时针弧线，k=2 表示线圈为顺时针弧线，k=0 表示线圈为直线。关于 dx、dy、dz 及 k 的计算可由式（4-9）解释。

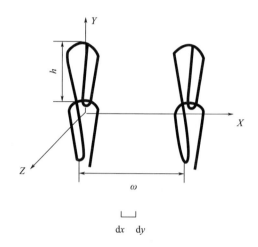

图 4-10　开口编链线圈结构仿真模型

$$dx = \frac{\omega}{n}$$

$$dy = \frac{h}{m}$$

$$dz = -4,\ -2,\ 0,\ 2,\ 4$$

$$k = 0,\ 1,\ 2$$

（4-9）

采用描点法在 VC++ 及 OpenGL 环境中建立开口编链地组织的三维模型，如图 4-11 所示。采用 15 个控制点来调控，控制点 $P(dx, dy, dz, k)$ 坐标见表 4-2。通过 C++ 中 for 语句将线圈在纵横方向进行延伸，可获得整体的三维仿真效果。

表 4-2　控制点坐标

控制点	1	2	3	4	5	6	7	8	9	10	11	12	13	14	15
坐标 X	2.5dx	3.0dx	4.0dx	2.0dx	0	1.5dx	2.5dx	1.5dx	1.0dx	0	2.0dx	4.0dx	3.0dx	2.0dx	2.5dx
坐标 Y	-1.5dy	1.5dy	5.0dy	7.0dy	5.0dy	0	1.0dy	4.0dy	6.0dy	9.5dy	11.5dy	9.5dy	4.5dy	5.5dy	9.0dy
坐标 Z	2.0	-4.0	0	0	0	-4.0	4.0	2.0	-4.0	0	0	0	-4.0	4.0	2.0
弧向	0	0	1.0	1.0	0	1.0	0	0	0	2.0	2.0	0	2.0	0	—

通过图 4-11（a）中开口编链三维模型控制点得到其三维仿真图如图 4-11（b）所示。

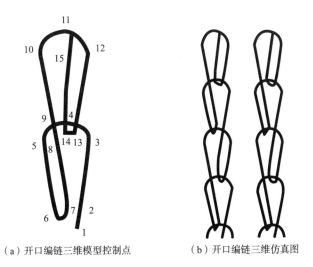

（a）开口编链三维模型控制点　　　（b）开口编链三维仿真图

图 4-11　开口编链地组织的模型控制点及三维仿真图

运用此方法及 4.2.3 中压纱的线圈形态建立压纱纱线与编链的三维模型图，如图 4-12 所示，其中（a）图上面的压纱线圈是图 4-8 中的压纱线圈（i）模型，下面的压纱线圈是图 4-8 压纱线圈（c）模型；（b）图上面的压纱线圈是图 4-8 压纱线圈（a）模型，下面的压纱线圈是图 4-8 压纱线圈（g）模型；（c）图上面的压纱线圈是图 4-9 中压纱线圈（i）模型，下面的压纱线圈是图 4-9 压纱线圈（g）模型；（d）图上面的压纱线圈是图 4-8 压纱线圈（a）模型，下面的压纱线圈是图 4-9 压纱线圈（c）模型。

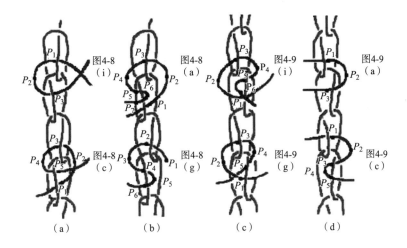

图 4-12　压纱纱线与编链的三维模型图

运用此方法及 4.2.3 中压纱线圈模型共同构建了压纱线圈和编链地组织的三维仿真模型。如图 4-13 所示，以图 4-8（a）模型为例进行说明，模型中压纱线圈可以由三段组成，即直线段 P_0P_1、圆弧段 P_1P_3、三次方 Bezier 曲线段 P_3P_7 及直线段 P_7P_8 组成。而在 Z 方向的坐标则具体根据编链 Z 坐标而定。

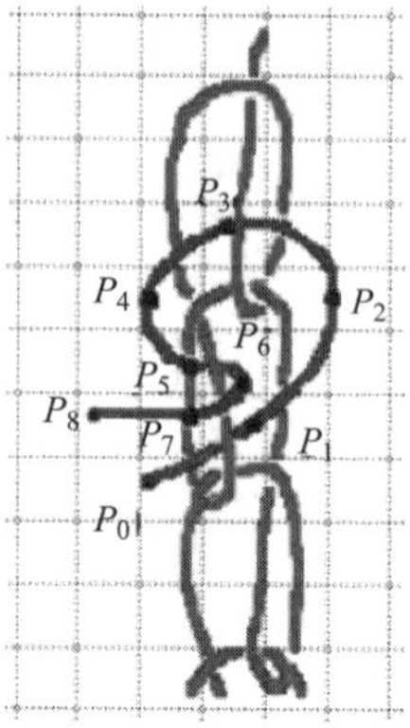

运用 C++ 及 OpenGL，采用数组如下：

int ws[5][6]={ 0,3,0,2,0,2,

2,4,2,3,3,3,

4,6,4,5,5,5,

6,8,6,7,7,7,

8,10,8,9,9,9},v;

图 4-13 压纱线圈坐标点的构建

定义贾卡线圈当前横列与上下横列相对位置的关系，得出的仿真图如图 4-14 所示。

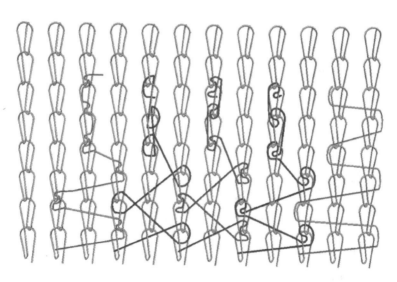

图 4-14 压纱线圈和编链地组织的三维仿真

图 4-14 以从右到左数第二个贾卡线圈为例，纱线从下往上编织，其在第一横列的线圈形态为图 4-8（a）压纱模型，在第二横列的线圈形态为图 4-9（i）压纱模型，在第三横列的线圈形态为图 4-8（a）压纱模型，在第四横列的线圈形态为图 4-9（h）压纱模型，在第五横列的线圈形态为图 4-8（e）压纱模型。

4.4　新型贾卡四针垫纱运动图几何模型的建立

在理想状态下，线圈的几何结构模型不受外力等作用而发生变形，便于简化分析原理及模型构建。织物仿真中运用的线圈结构模型由圈弧、圈柱、延展线组成。通过建立轨迹方程，即可反映织物的走纱状态，现以四针技术中的 4 号和 14 号组织的结构为例进行说明。

设 1 个针距长度为 a，2 个横列高度为 b。而设定 $b=4a$，建立坐标系。设起始点坐标为 P（0，0），4 号贾卡针法结构上每一个点均可用一个相应的坐标值来表示（图 4-15）。图中展示了贾卡四针 4 号贾卡针法结构的控制点。

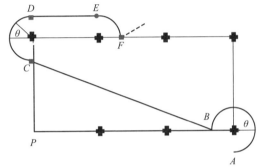

图 4-15　4 号组织线圈建模

通过构建方程式，可以将针法结构上的任意一点 P（x，y）用式（4-10）~式（4-14）表示。

$$AB \text{ 段：} \begin{cases} x = 3a + \dfrac{a}{3}\cos\theta & -\dfrac{\pi}{2} \leqslant \theta \leqslant \pi \\ y = \dfrac{a}{3}\sin\theta \end{cases} \tag{4-10}$$

$$BC \text{ 段：} y = -\dfrac{3}{8}x + a \qquad 0 \leqslant x \leqslant \dfrac{8}{3}a \tag{4-11}$$

$$CD \text{ 段：} \begin{cases} x = \dfrac{a}{3}\sin\theta & -\dfrac{\pi}{2} \leqslant \theta \leqslant \dfrac{\pi}{2} \\ y = b + \dfrac{a}{3}\cos\theta \end{cases} \tag{4-12}$$

$$DE \text{ 段：} y = b + \dfrac{a}{3} \qquad 0 \leqslant x \leqslant a \tag{4-13}$$

$$EF \text{ 段：} \begin{cases} x = a + \dfrac{a}{3}\cos\theta & 0 \leqslant \theta \leqslant \dfrac{\pi}{2} \\ y = b + \dfrac{a}{3}\sin\theta \end{cases} \tag{4-14}$$

如图 4-16 所示，贾卡四针 14 号针法结构的控制点，针法结构上任一点 P (x, y) 可以表示为式（4-15）～式（4-19）。

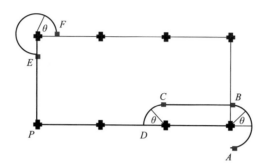

图 4-16　14 号组织线圈建模

AB 段：
$$\begin{cases} 3a + \dfrac{a}{3}\cos\theta & -\dfrac{\pi}{2} \leqslant \theta \leqslant \dfrac{\pi}{2} \\ y = \dfrac{a}{3}\sin\theta \end{cases}$$
（4-15）

BC 段：$y = \dfrac{b}{4}$　　$2a \leqslant x \leqslant 3a$
（4-16）

CD 段：$x = 2a + \dfrac{a}{3}\cos\theta$　　$\dfrac{\pi}{2} \leqslant \theta \leqslant \pi$
$$\begin{cases} y = \dfrac{a}{3}\sin\theta \end{cases}$$
（4-17）

DE 段：$y = -\dfrac{3}{5}x + a$　　$0 \leqslant x \leqslant \dfrac{5}{3}a$
（4-18）

EF 段：
$$\begin{cases} x = \dfrac{a}{3}\cos\theta & 0 \leqslant \theta \leqslant \dfrac{3}{2}\pi \\ y = b + \dfrac{a}{3}\sin\theta \end{cases}$$
（4-19）

压纱型贾卡经编四针技术中，16 种针法的垫纱运动图几何模型构建方法与 4 号和 14 号相同。对于新型贾卡四针垫纱运动图几何模型的构建，有利于实现新型贾卡四针技术计算机辅助设计系统。在进行织物设计的过程中，主要是完成垫纱运动图的设计，而垫纱运动图是织物仿真图的简版。在辅助设计系统的开发过程中，贾卡意匠图色块与其垫纱运动图相对应，当完成织物设计后进行仿真则需要用到织物的真实仿真图。

本节在上节对于压纱型贾卡组织结构分析的基础上，对比分析了关于线圈形态的三种经典模型。首先提出了一种基于 Bezier 曲线的线圈建模，该模型较好地反映了地组织编链线圈的弯曲形态。然后对压纱线圈模型进行了构建，综合考虑上一横列及下一横列与当前横列的相对位置关系，建立出压纱线圈的 18 种线圈形态模型。最后基于 C++ 及 OpenGL，运用描点法并考虑压纱线圈形态，对压纱线圈及编链进行了三维仿真。此外，探讨了新型贾卡四针垫纱运动几何模型的构建，针对 4 号组织及 14 号组织列出了其纱线轨迹方程。

4.5　成圈型贾卡经编针织物的建模与仿真

4.5.1　建立线圈基本模型

通过对成圈型贾卡经编针织物中线圈形态结构的分析，选用线圈的理想状态为计算机仿真的基本模型，将其分为开口线圈与闭口线圈两种形态，如图 4-17 所示。

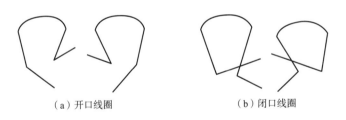

（a）开口线圈　　　　　　　　　（b）闭口线圈

图 4-17　成圈型贾卡经编针织物中理想线圈形态

根据成圈型贾卡经编针织物的垫纱规律，以 1 个针距、2 个横列高度所构成的线圈为基本结构单元，建立坐标系，每一个组织点均可用一个相应的坐标值来表示，即组织上任一点 $P(x, y, k)$ 可以表示为：

$$x=x_0+i \times ww+n \times \mathrm{d}x$$
$$y=y_0+j \times hh+m \times \mathrm{d}y$$
$$k[k_0]=0, 2, -2 \tag{4-20}$$

式中，x_0、y_0 为起始坐标；ww 为一个针距；hh 为两个横列高度；k 为弧度，当 $k=0$ 表示直线，k 为正值时表示顺时针圆弧，k 为负值时表示逆时针圆弧；i、j、m、n 为常数。

以两针技术中的绿色组织为例，建立的坐标系如图 4-18 所示。Y 轴以向下

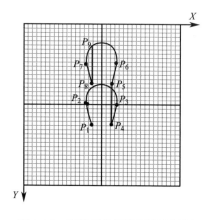

图4-18 两针绿色组织线圈坐标图

为正，X轴以向右为正。如图4-18所示，其中每一个单元格即为一个组织循环，设定每一个单元格为一个$16×16$的坐标系，并以每个单元格的左上角第一个点为坐标原点，根据式（4-20）依次确定$P_1 \sim P_9$点的坐标及其k值，即可将线圈表示出来，见表4-3。点$P_1 \sim P_9$即为在程序建模中选中的线圈控制点。通过以上9个点的坐标表示，以及直线与弧线连接方程的选择，就可以将成圈型贾卡经编针织产品中所涉及的各种线圈形态表示出来。

表4-3 两针绿色组织控制点坐标及曲率

控制点	X	Y	k
P_1	$x=x_0-0×d_x+i×ww+（16-2）×d_x$	$y=y_0-2×d_y+j×hh+20×d_y$	0
P_2	$x=x_0-0×d_x+i×ww+（16-3）×d_x$	$y=y_0-2×d_y+j×hh+16×d_y$	2
P_3	$x=x_0-0×d_x+i×ww+（16+3）×d_x$	$y=y_0-2×d_y+j×hh+16×d_y$	0
P_4	$x=x_0-0×d_x+i×ww+（16+2）×d_x$	$y=y_0-2×d_y+j×hh+20×d_y$	0
P_5	$x=x_0-0×d_x+i×ww+（16+2）×d_x$	$y=y_0-2×d_y+j×hh+12×d_y$	0
P_6	$x=x_0-0×d_x+i×ww+（16+3）×d_x$	$y=y_0-2×d_y+j×hh+8×d_y$	-2
P_7	$x=x_0-0×d_x+i×ww+（16-3）×d_x$	$y=y_0-2×d_y+j×hh+8×d_y$	0
P_8	$x=x_0-0×d_x+i×ww+（16-2）×d_x$	$y=y_0-2×d_y+j×hh+12×d_y$	0
P_9	$x=x_0-0×d_x+i×ww+（16+2）×d_x$	$y=y_0-2×d_y+j×hh+20×d_y$	0

4.5.2 建立通式模型

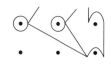

图4-19 两针、三针、四针技术中的绿色组织垫纱图

在对成圈型贾卡针织物的提花原理进行研究后发现，每一种选针技术及其对应组织间存在一定的关系。将两针、三针、四针技术中的绿色组织表示在一个垫纱运动图中，如图4-19所示。观察表4-3和图4-19，两针技术中组织的垫纱运动图，可以发现，当从同一方向喂入纱线时，各线圈的组织点的起点相同，不同选针技术或同一选针技术的不同组织之间，存在以下规律。

（1）两针、三针、四针技术中绿色基础组织的差异在于偶数横列向左横移的针距不同。

（2）同一选针技术的各颜色组织则是在绿色组织的基础上，白色组织偶数横列向左偏移一个针距，红色组织奇数横列向左偏移一个针距。

因此，当选定一个组织为基础组织时，就可以根据一定的数学关系，将其他所有的组织以通式表示。

在程序设计中，选择四针技术中的绿色组织为基础组织，其垫纱数码为1–0/2–3//，则若以 N 表示选针技术，可以得到通式：

$$\begin{cases} x_1 = x_0 + 16(N-4) \\ y_1 = y_0 \end{cases} \qquad （4-21）$$

式中，x_1、y_1 为任意一个选针技术中绿色组织的坐标值；x_0、y_0 为四针绿色组织坐标值；N 为选针技术。

若要表示所有组织，则还需要设定几个值来表示各种颜色的组织。因此，可以设定：绿色组织 =1，白色组织 =2，红色组织 =3。

根据上述坐标关系，只需要获取一个组织的垫纱数码，并将其垫纱数码值与所选取的基础组织一一进行比较，就可以确定一个组织线圈的形态。这种改进方法相较于之前的方法更为灵活。即使成圈型贾卡经编针织物出现新的选针技术或者组织，只需要了解垫纱数码，也可以得到其组织仿真图。

4.5.3　成圈型经编贾卡针织物系统的建立

在线圈模型以及建模方法确定之后，利用 VC++6.0 的平台，进行程序编辑，就可建立成圈型经编贾卡针织物系统。

成圈型贾卡花纹意匠图是根据贾卡针织物的组织规律，在小方格纸上采用 3 种颜色绘制而成的。根据成圈型贾卡针织物的成圈规律，可知其组织循环为两个横列，因此贾卡意匠图中每一格表示 1 个针距，并跨越 2 个线圈横列。采用绿色、白色、红色 3 种颜色来绘制贾卡意匠图，其中绿色表示稀薄组织，白色表示网孔组织，红色表示密实组织。在进行仿真时，只需将各颜色分别输入计算机中，便可生成相应的仿真效果图。

4.5.4　各选针技术建模效果图

利用以上的建模方法可建立几种线圈建模效果图。

图 4–20 分别为两针技术的白色组织（垫纱数码 2–1/0–1//）、绿色组织（垫

纱数码 1–0/0–1//）、红色组织（垫纱数码 1–0/1–2//）。

图 4–21 为三针技术白色组织（垫纱数码 2–1/1–2//）、绿色组织（垫纱数码 1–0/1–2//）、红色组织（垫纱数码 1–0/2–3//）。

图 4–22 为四针技术中白色组织（垫纱数码 2–1/2–3//）、绿色组织（垫纱数码 1–0/2–3//）、红色组织（垫纱数码 1–0/3–4//）。

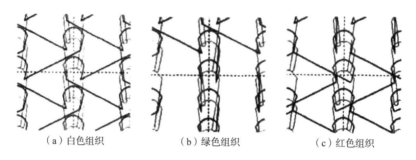

（a）白色组织　　　　　（b）绿色组织　　　　　（c）红色组织

图 4–20　两针技术线圈效果图

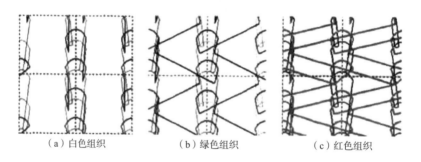

（a）白色组织　　　　　（b）绿色组织　　　　　（c）红色组织

图 4–21　三针技术线圈效果图

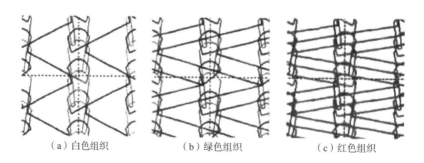

（a）白色组织　　　　　（b）绿色组织　　　　　（c）红色组织

图 4–22　四针技术线圈效果图

4.5.5　仿真图展示

选用一块实用鞋面样品［图4-23（a）］，利用该系统进行仿真，其仿真模型如图4-23（b）所示，其仿真效果良好，能较好地展示织物真实外观。另外，本文还采用简支梁模型来分析和处理纱线受力情况，通过受力变形模拟得到的效果图更加逼真，如图4-23（c）、图4-23（d）所示。

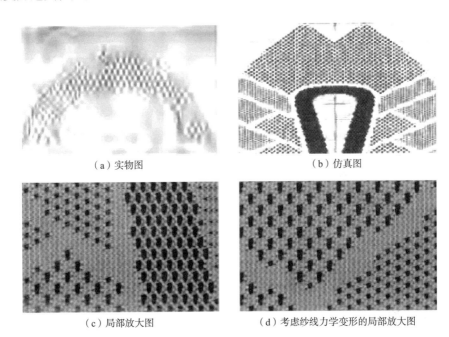

（a）实物图　　　　　　　　　　　　　（b）仿真图

（c）局部放大图　　　　　　　　（d）考虑纱线力学变形的局部放大图

图4-23　成圈贾卡经编鞋面织物仿真图

4.6　经编网眼织物中弹簧—质点网格模型

织物中的弹簧—质点网格模型是指假设织物是由 $m \times n$ 个质点组成的网格结构，如图4-24所示。各个质点间以弹簧的形式连接，质点间的弹簧关系即为织物间的关系。连接质点的弹簧可分为三个类型：结构弹簧、剪切弹簧和弯曲弹簧。图4-24中红色线连接的两个质点 $P(i, j)$ 和 $P(i \pm 1, j)$[或 $P(i, j \pm 1)$] 即为结构弹簧，表示的是相邻的质点间的弹簧连接方式；蓝色线连接的两个质点 $P(i, j)$ 和 $P(i+1, j+1)$[或 $P(i-1, j+1)$] 即为剪切弹簧，表示的是斜向的质点的弹簧连接方式，绿色线连接的两个质点 $P(i-1, j-1)$ 和 $P(i-1, j+2)$[或 $P(i+2, j-1)$] 即为弯曲弹簧，表示的是间隔质点间的弹簧连接方式。用这三种弹簧分别来模拟织物的拉伸变形、延展变形和弯曲变形。

彩图

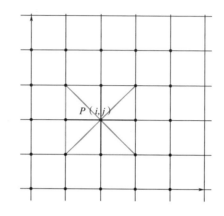

图 4-24　弹簧—质点网格模型

在三种弹簧质点模型中，弯曲弹簧的弹性系数非常小，故在织物仿真中一般可以不考虑。对于少梳栉经编网眼织物，其产生的变形并非单根纱线受力而导致的几何形变，而是纱线编织成圈后线圈间相互纠缠的作用力而产生的。因此考虑到少梳栉经编网眼织物本身的特性来建立少梳栉经编网眼织物的弹簧—质点模型。假设每个线圈的最高点即经编线圈变形模型的圈弧上点 C 为质点，那么适合少梳栉经编网眼织物的弹簧—质点模型如图 4-25 所示。

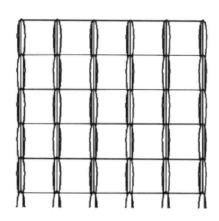

图 4-25　少梳栉经编网眼织物的弹簧—质点模型

在该模型中仅考虑结构弹簧和剪切弹簧的作用，而不同的经编组织的针背横移的针数不是确定不变的，故应根据针背横移的针数来确定剪切弹簧。当最大针

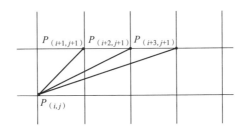

图 4-26　少梳栉经编网眼织物剪切弹簧

背横移针数为 3 时，质点 $P(i,j)$ 的剪切弹簧，如图 4-26 所示。针背横移针数变化时，剪切弹簧以此类推。

在弹簧—质点模型中，每个质点受到力的作用而产生速度和位移，从而导致线圈产生变形，进而织物产生变形。质点所受的力包括质点本身的内应力和外界施加的外力。内应力表示的是质点间相互作用，由弹性力 F_t 和阻尼力 F_z 组成。外力则是外界给质点施加的力，如重力、空气阻力等。本章研究线圈变形仅考虑了线圈间的作用力，故不考虑外力对变形的影响。假设少梳栉经编网眼织物的弹簧—质点模型是理想状态下的弹簧，弹簧形变是线性的，质点 $P(i,j)$ 与 $P(k,l)$ 之间的弹性力可根据胡克定律来计算。质点 $P(i,j)$ 与 $P(k,l)$ 之间的弹性力 F_t 和阻尼力 F_z 如式（4-22）。

$$\begin{cases} F_t = \sum_{i,j,k,l \in,R} K\left[\overline{P(i,j),P(k,l)/_t} - \overline{P(i,j),P(k,l)/_{t=0}} \right] \cdot e\left[P(i,j),P(k,l) \right] \\ F_z = C\left\{ V_{[P(i,j)]} - V_{[P(k,l)]} \right\} \end{cases} \tag{4-22}$$

式中，K 为质点 $P(i,j)$ 与 $P(k,l)$ 之间的弹簧的弹性系数；$\overline{P(i,j),P(k,l)/_t} - \overline{P(i,j),P(k,l)/_{t=0}}$ 为两质点 t 时刻的位置和初始位置间的距离；$e\left[P(i,j),P(k,l) \right]$ 为质点 $P(i,j)$ 指向质点 $P(k,l)$ 的向量；C 为质点 $P(i,j)$ 与 $P(k,l)$ 之间的弹簧的阻尼系数；$V_{[P(i,j)]}$ 为质点 $P(i,j)$ 的速度；$V_{[P(k,l)]}$ 为质点 $P(k,l)$ 的速度。

弹性系数和阻尼系数由组织结构纱线原料等因素决定。在此情况下，质点 $P(i,j)$ 所受到的内力为弹性力与阻尼力之和，假设每个质点质量为 m，根据牛顿第二定律可得运动方程，见下式：

$$F_{(i,j)} = F_t + F_z = ma_{(i,j)} = m\frac{\partial^2 x_{(i,j)}}{\partial t^2} \tag{4-23}$$

式中，$F_{(i,j)}$ 为质点 $P(i,j)$ 所受到的合力；$a_{(i,j)}$ 为质点 $P(i,j)$ 的加速度；$x_{(i,j)}$ 为质点 $P(i,j)$ 的位移。

根据牛顿动力学原理，质点 $P(i,j)$ 在 $t+\Delta t$ 时刻的加速度、速度及位移的求解方法如下式：

$$\begin{cases} a_{(i,j)}(t+\Delta t) = \dfrac{F_t}{m} \\ v_{(i,j)}(t+\Delta t) = v_{(i,j)}(t) + a_{(i,j)}(t+\Delta t) \cdot \Delta t \\ x_{(i,j)}(t+\Delta t) = x_{(i,j)}(t) + x_{(i,j)}(t+\Delta t) \cdot \Delta t \end{cases} \quad (4\text{-}24)$$

少梳栉经编网眼织物的弹簧—质点模型假设线圈变形模型的圈弧上点 C 为质点，根据线圈变形模型，可知质点变形距离即为 $|CC'|$，线圈上的 B 点和 D 点的变形距离为 $|BB'|$、$|DD'|$。质点的运动将会带动线圈其他控制点变化，从而产生了变形。由上文中得出的各控制点变形后的坐标，结合变形前的坐标可得 C 控制点所代表的质点的变形距离以及 B 控制点和 D 控制点的变形距离。由于 B、C、D 三个控制点 z 轴坐标均为 0，故变形距离即可直接在 XOY 平面上计算。由于质点 C 与其他控制点之间存在联动关系，可根据质点与其他控制点的坐标得出变形距离之间的比例关系，如下式：

$$\begin{cases} \lambda_1 = \dfrac{|BB'|}{|CC'|} \\ \lambda_2 = \dfrac{|DD'|}{|CC'|} \end{cases} \quad (4\text{-}25)$$

式中，λ_1 为 B 控制点变形距离与质点运动产生的变形距离的比例系数；λ_2 为 D 控制点变形距离与质点运动产生的变形距离的比例系数。

对少梳栉经编网眼织物的弹簧质点模型分析，根据这两个比例系数即可得出线圈的变形仿真图。少梳栉经编网眼织物变形仿真实现的步骤如下。

（1）确定初始条件，弹性系数 k 和阻尼系数 c。

（2）根据式（4-24）计算得到在 Δt 时刻之后，即 $t+\Delta t$ 时刻质点的加速度、速度及位移。

（3）根据式（4-22）可得出在 $t+\Delta t$ 时刻质点所受力。

（4）再根据式（4-24）计算得到下一个 Δt 时刻之后，即在 $t+2\Delta t$ 时刻质点的加速度、速度及位移。

（5）以上规律进行迭代，直到质点最终位移逼近理论值停止迭代。

（6）再由式（4-25）得出的比例系数结合线圈变形模型来确定线圈其他控制点变形后的位置信息。

（7）结合织物线圈的几何模型的函数方程式，在 VC ++6.0 和 OpenGL 软件的编程下，可对不同的少梳栉经编网眼织物各个梳栉的组织结构组合进行仿真模拟，得到最终的少梳栉经编网眼织物的变形仿真效果图。

以经平经缎类的柱形网眼织物和经平经缎类的菱形网眼织物为例，最终得到其仿真效果图，图 4-27、图 4-28 为实物与仿真效果图的对比，相似度较好，由此可知本节建立的模型具有可行性。

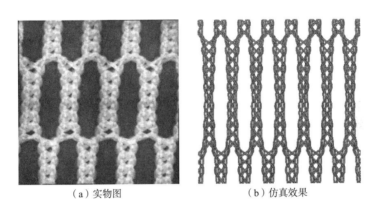

（a）实物图　　　　　　　　　　　　　　（b）仿真效果

图 4-27　经平经缎类的柱形网眼织物

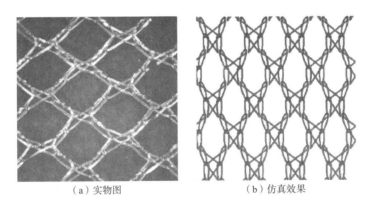

（a）实物图　　　　　　　　　　　　　　（b）仿真效果

图 4-28　经平经缎类的菱形网眼织物

第5章　间隔织物的建模与三维仿真

5.1　间隔织物的建模

5.1.1　基于四边形网格的线圈模型的建立

基于织物线圈结构，四边形网格结构基于针织线圈的四个交织受力点建立数学模型，适用于四个交织受力点建立四边形网格的情况，单梳针织经编间隔织物基础单元的模型建立线圈网格原理图如图 5-1（a）所示。在力的作用下，控制点位置产生偏移，四边形网格形态发生变化，各个约束点都会在 x、y 和 z 方向发生位移。针对不同的线圈情况，该模型都能快速生成控制点的坐标，进而通过拟合曲线算法建立起线圈主干的几何模型，适用于大多数针织产品线圈。线圈主干主要由 $P_1 \sim P_7$ 段组成，在 XOY 平面上的投影是分段三次函数曲线，如图 5-1（b）所示，其在 YOZ 平面上的投影也是分段三次函数曲线，如图 5-1（c）所示。

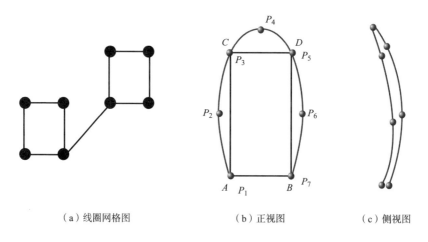

|（a）线圈网格图|（b）正视图|（c）侧视图|

图 5-1　四边形原理示意图

图 5-1（b）中 A、B、C、D 分别是四边形网格的四个顶点，也就是分布在网格上的四个约束点，已知横列间距为 P_j，设线圈的宽度为 w，高度为 h，以 A 点作为起点，设线圈横移列数为 k，其中 k 为任意整数，四个顶点坐标计算如式

（5-1）~式（5-4）所示。

$$P_1(x_1, y_1, z_1), 其中 \begin{cases} x_1=0; \\ y_1=0; \\ z_1=0; \end{cases} \tag{5-1}$$

$$P_3(x_3, y_3, z_3), 其中 \begin{cases} x_3=k \times P_j; \\ y_3=h; \\ z_3=0; \end{cases} \tag{5-2}$$

$$P_5(x_5, y_5, z_5), 其中 \begin{cases} x_5=k \times P_j+w; \\ y_5=h; \\ z_5=0; \end{cases} \tag{5-3}$$

$$P_7(x_7, y_7, z_7), 其中 \begin{cases} x_7=w; \\ y_7=0; \\ z_7=0; \end{cases} \tag{5-4}$$

针对未分布在网格上的三个约束点，根据已知的四个控制点，设 d 为 P_2 或 P_6 到对应网格的距离，dh 为 P_4 相对网格点竖直方向上的偏移量，根据经验法，确定约束点在 z 轴方向上的偏移为纱线的半径 r，即可确定剩余三个约束点坐标为，如式（5-5）~式（5-7）所示。

$P_2(x_2, y_2, z_2)$，其中：

$$\begin{cases} x_2=\left[y_2 \times (y_3 - y_1) - x_1 \times y_3 + x_3 \times y_1 - d \times \sqrt{(x_3 - x_1)^2 + (y_3 - y_1)^2} \right] \div (x_3 - x_1) \\ y_2=0.5 \times y_3 \\ z_2=-r \end{cases} \tag{5-5}$$

$$P_4(x_4, y_4, z_4), 其中 \begin{cases} x_4=(x_3+x_5) \times 0.5 \\ y_4=y_3 + dh \\ z_4=r \end{cases} \tag{5-6}$$

$P_6(x_6, y_6, z_6)$，其中：

$$\begin{cases} x_2=\left[y_4 \times (y_5 - y_7) - x_7 \times y_5 + x_5 \times y_7 + d \times \sqrt{(x_5 - x_7)^2 + (y_5 - y_7)^2} \right] \div (x_5 - x_7) \\ y_2=0.5 \times y_5 \\ z_2=-r \end{cases} \tag{5-7}$$

经编组织是由同一根纱线所形成的线圈交替排列在相邻两个线圈纵行，它可以由闭口线圈、开口线圈或两种线圈相间组成。闭口线圈是指线圈的两根延展线在线圈的基部交叉和重叠的线圈，开口线圈是指线圈的两根延展线在线圈的基部没有交叉和重叠的线圈。通过对网格原理图的观察，可以发现延展线主要为连线相邻纵列之间的线圈而存在，再结合 P.Grossberg（格罗斯勃）所提出的第三模型，得到延展线的基础几何模型，如图 5-2 所示。延展线主要由 P_7、P_8、P_9 组成，在 XOY 与 YOZ 平面上的投影均为分段三次函数曲线，其中 P_7 和 P_9 分别为第一个线圈主干的结束点和下一线圈主干的起始点，P_7、P_8 和 P_9 为延展线的约束点，控制延展线的弯曲变形。

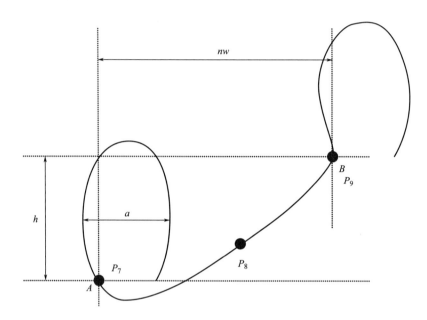

图 5-2　延展线几何图

其中，P_7、P_9 坐标已知，设 P_8 在 x 轴方向上的形变量为 Δx，在 y 轴方向上的形变量为 Δy（形变量的值具体由不同织物结构及纱线材质决定），根据 P_7 和 P_9 坐标建立起 $\overset{\frown}{P_7P_9}$ 三元参数方程：

$$\begin{cases} x = \dfrac{t \times (x_9 - x_7)}{20} + x_7 \\[2mm] y = \dfrac{t \times (y_9 - y_7)}{20} + y_7 \quad t = 0,1,2,\cdots,20 \\[2mm] z = \dfrac{t \times (z_9 - z_7)}{20} + z_7 \end{cases}$$

（5-8）

$$P_8(x_8, y_8, z_8), \text{其中} \begin{cases} x_8 = 0.5 \times (x_9 + x_7) + \Delta x \\ y_8 = 0.5 \times (y_9 + y_7) + \Delta y \\ z_8 = 0.5 \times (z_9 + z_7) \end{cases}$$

根据得到的延展线控制点的坐标（P_7、P_8、P_9），然后将得到的圈干部分与延展线部分所有控制点相结合，由此便得到了经编织物的一个基础线圈单元的约束点模型。结合拟合多控制点的线圈建模方式，该模型通过控制点代表纱线中心从而控制纱线的走向，如图 5-3 所示的基本线圈的几何模型，该模型分为圈柱（$P_1 \sim P_3$ 和 $P_5 \sim P_7$）、圈弧（$P_3 \sim P_5$）以及延展线（$P_7 \sim P_9$）三个部分。

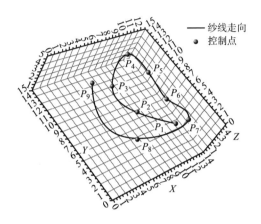

图 5-3　基本线圈几何图

5.1.2　间隔丝模型的建立

作为连接表里层组织线圈的关键结构，间隔丝会在表里层之间来回成圈进行嵌套线圈组织，大致模型如图 5-4 所示，其中 Kp_1—Kp_3 位嵌套结构大致形成一个半椭圆结构，Kp_3—Kp_5 位间隔丝主要部分即为连接结构。

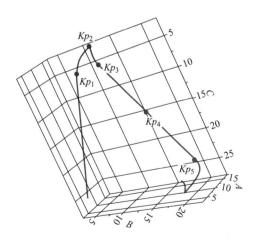

图 5-4　间隔丝结构示意图

5.1.3 基于四边形网格的经编间隔织物模型的建立

Spline 这类基于函数逼近理论的模型具有重要而广泛的应用。NURBS 和 Bezier 方法拟合的曲线不经过所有控制点，导致最终的纱线模型形态不可控，而函数逼近就是针对一个复杂函数寻找一个相对简单的函数来近似代替。Spline 函数最重要的是确定节点的数量和位置，节点过多会增加复杂度，节点过少会降低精度。因此，在方差变化大的区域可以放置更多的节点，在方差变化小的区域可以放置更少的节点。

Spline 算法主要基于分段三阶曲线拟合，如图 5-5 所示，将控制点光滑地连接成一条曲线，该曲线有 n 个控制点（线圈模型图有 7 个），设各个点为 P_1，P_2，P_3，$\cdots$，P_n。对于任意坐标，设置一个参数 t 作为自变量，$t=1$，2，3，$\cdots$，n，且由 t 分别映射 x、y、z 三个坐标值，建立 x—t、y—t、z—t 三个参数方程，逐个对方程组进行讨论，其中 x、y、z 便转化成因变量 F，t 视为自变量 x，线圈控制点 $P_1 \sim P_2$ 之间可以建立参数方程组，如式（5-9）~ 式（5-12）所示。

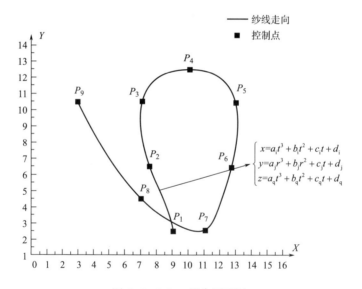

图 5-5　Spline 拟合原理图

$$F_i = a_i t^3 + b_i t^2 + c_i t + d_i \qquad i = 1, 2, 3, \cdots, n-1 \qquad （5-9）$$

且已知各段方程满足以下三个条件。

（1）控制各段曲线端点经过所在函数方程。

$$\begin{cases} F_i(t_i) = f_i \\ F_i(t_{i+1}) = f_{i+1} \end{cases} \qquad i = 1, 2, 3, \cdots, n-1 \qquad （5-10）$$

（2）控制方程一二阶导数连续使曲线光滑。

$$\begin{cases} F_i'(t_{i+1}) = F_{i+1}'(t_{i+1}) \\ F_i''(t_{i+1}) = F_{i+1}''(t_{i+1}) \end{cases} \quad i = 1, 2, 3, \cdots, n-2 \qquad （5-11）$$

（3）确定起始点曲线斜率。

$$\begin{cases} F_1'(t_1) = k_1 \\ F_{n-1}'(t_n) = k_2 \end{cases} \qquad （5-12）$$

5.2　理想状态下经编间隔织物的三维模型的实现

基于四边形网格顶点的参数坐标生成其他约束点的坐标，借助于 Spline 曲线拟合插值算法，建立组织的几何模型，通过 OpenGL 函数库对几何模型进行渲染处理，实现了理想状态下经编间隔织物的三维仿真模拟。在进行织物的三维实现时，针对不同的基础组织线圈，输入不同实物测量参数，进而建立起不同基础组织的仿真线圈，最终得到不同基础组织的仿真模型。在进行织物的仿真建模时，首先对参数进行设定，设置横列间距 P_w=40dv，线圈高度 P_h=50dv，线圈宽 w=20dv，线圈高 h=50，偏移高度 k_h=8dv，水平偏移 k_d=5dv，表里层间距 P_d=100dv，延展线 Δx=2dv，Δy=10dv，间隔丝 Δz=5dv，Δy=10dv（dv 为单位像素点）。设定好参数后，根据不同组织的垫纱运动图即可建立起不同间隔织物的仿真模型。

本节以经平组织的经编间隔织物为例，如图 5-6 所示，根据织物的垫纱运动图确定该处线圈的成圈情况，通过特定的原则将线圈成圈情况转化为存储在二维数组中的参数，根据数据从而快速生成织物的网格模型图，通过网格模型细化到每个线圈，针对每个网格生成该处的线圈模型，从而得到整片组织的仿真模型。

结合图 5-6 中的网格模型图，根据数据确定四边形网格的线圈数学模型，计算确定各个线圈的控制点坐标，将坐标带入网格模型中的每个四边形网格，从而生成线圈的简单几何模型，借助延展线将相邻纵行之间的线圈连接起来，得到表、里层为经平组织的织物的简单模型，再加入间隔丝的圈套连接，得到整片间隔织物的简单织物模型，最终通过 OpenGL 实现模型的建立以及相关的渲染处理，实现表里层为经平组织的仿真模型，如图 5-7 所示。

通过织物的垫纱运动图建立二维数组，利用二维数组构建网格模型并存储线圈形态的数据，在网格中标记数组绘制线圈模型。通过分析垫纱运动图与实际织物线圈形态的关系，确定线圈的偏移情况、延展线的横移列数，进而确立起特定的原则，通过垫纱运动图确定能够概括经编织物成圈情况的二维数组。通过得到的网格模型图，针对每个四边形网格生成约束点参数坐标，借助于 Spline 三次分段插值算法，将离散的约束点拟合为一条光滑的曲线来模拟纱线轨迹，使用 Microsoft Visual Studio 中 C 或 C++ 特定语句对各种线圈情况进行绘制，借助 OpenGL 函数库中的函数对光源进行参数调试，主要调试点光源的空间位置，然后再对不同光进行颜色参数设置，包括镜面反射光、漫反射光、环境光，反复调试之后得到符合实际光源条件的光照，从而实现模型的光照渲染处理，实现对几种比较常见组织织物的仿真模拟，得到的仿真模型更加写实逼真。

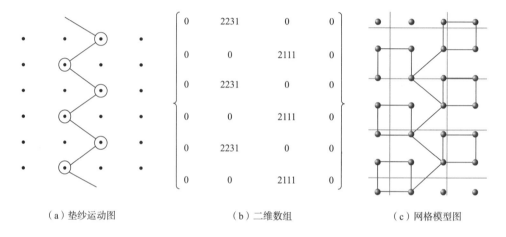

（a）垫纱运动图 　　　　（b）二维数组 　　　　（c）网格模型图

图 5-6　经平组织经编间隔织物的仿真步骤图

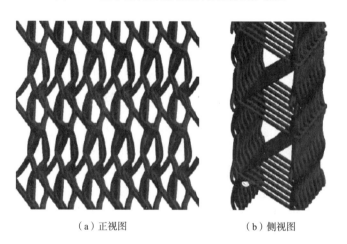

（a）正视图 　　　　（b）侧视图

图 5-7　表里层为经平组织的经编间隔织物的仿真模型

5.3　经编间隔织物中弹簧—质点网格模型

根据本文所提出的四边形网格模型，将每个线圈视为一个四边形，四个顶点所对应的也就是线圈的四个受力变形点，顶点的偏移从而带动线圈的整体变形，如图 5-8 所示。

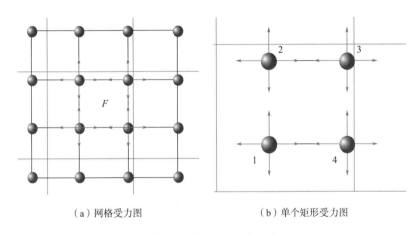

（a）网格受力图　　　　　　　　　　（b）单个矩形受力图

图 5-8　网格受力原理图

如图 5-8（a）所示，网格变形图九宫格中心的矩形四个端点可同时受到来自相邻质点所产生的结构作用力，且根据力的正交分解可将所有的力都分解与合成到四边形网格顶点上，将矩形单元看作由若干质点构成的曲线段，其端点为重要变形质点。如图 5-8（b）所示，中心矩形的四个端点所在的位置会发生四种情况下的任意一种力的变形，并且这四个端点又与其他四个矩形的一个端点重合，这种情况会得到端点连锁牵动、互相拉扯的状态，这也是跨针线圈网格的基本变形模式。实际上，对目标线圈进行分析后，发现分析网格顶点的偏移是实现线圈变形仿真的关键所在。

前文所提到的四边形网格模型同样可以适用于绝大多数经编线圈。当线圈受到相邻纵列线圈的拉伸发生形变时，四个交织受力点作为四边形网格顶点，即控制点 P_1、P_3、P_5、P_7 的坐标位置会发生偏移（对应图 4-8 中的四个顶点），产生各种形态不一的线圈模型，该模型也可以适应并且快速生成变化多样的针织产品经编线圈模型。如图 5-9 所示，线圈会受到来自不同方向线圈的拉伸，对线圈的整体形态产生不同的影响，具体有下面几种情况。

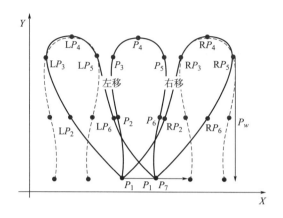

图 5-9　偏移原理图

（1）当线圈受到右侧线圈的拉伸，控制点 P_3、P_5 作为交织受力点就会向右侧发生偏移，从而带动其他约束点发生偏移，进而影响线圈的整体形态，形成右移线圈。

（2）当线圈受到左侧线圈的拉伸时，受力点 P_3、P_5 也会向左偏移，进而线圈形态发生偏移，形成左移线圈。

（3）作为经编线圈，不仅仅会受到左右线圈的拉伸，同样也会受到同列上下行线圈的拉伸变形，会使 P_1、P_3、P_5、P_7 这些控制点位置发生纵列位置上的偏移，从而得到长直的线圈形态，其中比较常见的编链组织便是如此形成的。

经编针织产品的线圈发生横移情况的较多，本节只对偏移一个针距的情况，且以六角网眼组织作为示例说明。由于线圈因跨越了不同针列，线圈嵌套在相邻横列的线圈之上，造成线圈受 F_1 方向力的拉扯，同理由于延展线也跨越了横列，线圈会受到 F_2 方向上的力，此外由于直立状态下线圈长度有限，相邻列线圈会将线圈向下拉伸，还会导致线圈受到 F_3 方向的变形力，其线圈受力情况图如图 5-10 所示。

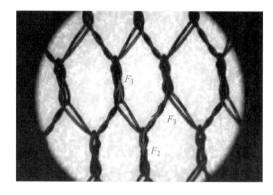

图 5-10　线圈受力情况示意图

线圈偏移情况如图 5-11 所示，右侧线圈为未发生偏移的竖直线圈，左侧为发生左移的变形线圈。

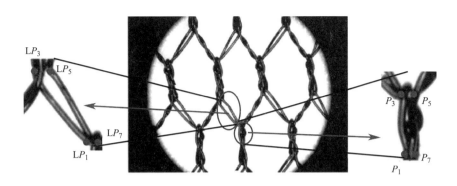

图 5-11　微观线圈结构图

对图 5-10 实物图线圈采集参数，得到线圈发生偏移前后网格顶点坐标。为保证数据的准确性，采集 20 组数据，单位为单位像素点（1dv），各组顶点的坐标平均值见表 5-1。

表 5-1　偏移前后坐标平均值

坐标	网格顶点 1	网格顶点 2	网格顶点 3	网格顶点 4
变形前 x_1	0	0	17.22	17.22
变形后 x_2	0	−49.18	−33.15	17.22
偏移量 Δx	0	49.18	50.37	0
变形前 y_1	0	50.72	51.72	0
变形后 y_2	0	59.34	58.91	0
偏移量 Δy	0	8.62	7.19	0

得到偏移线圈的网格顶点坐标参数之后，就能实现提出的偏移线圈模型，得到更为广泛适用的四边形网格线圈模型。

5.4　间隔织物三维模型的实现

5.4.1　表里层为六角网眼组织的间隔织物模型的实现

通过垫纱运动图确立不同线圈的网格形态，这些网格形态决定了线圈的四个交织受力点坐标。基于四边形网格模型，可确定其他约束点的参数坐标，再借助 Spline 函数实现变形线圈几何模型的建立。基于弹簧—质点模型对织物线圈进行受力分析以及偏移线圈模型参数的采集，再根据流程实现变形织物三维模型。选用经编织物中比较常见的六角网眼织物为例，如图 5-12 所示，左边为六角网眼的基础组织循环的垫纱运动图。观察垫纱运动图，根据垫纱运动图得出图 5-12 右侧的六角网眼的二维数组。

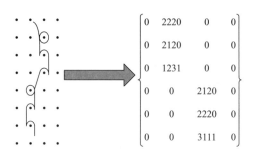

图 5-12　六角网眼的垫纱运动图与二维数组图

　　根据得到的二维数组，生成一个网格模型，从而确立组织中 i 行、j 列的成圈情况，得到对应的四边形网格顶点坐标，如图 5-13 所示。其中每个网格确定一个线圈模型，每个黑色四边形网格代表一个线圈，不同的歪斜网格对应了不同类型的线圈，蓝色线条代表延展线走向，按照该方法就可以通过任意行列网格顶点坐标来实现整片织物的仿真模型。

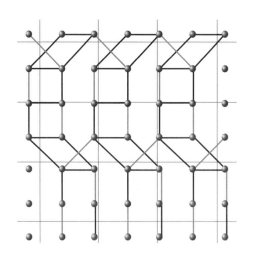

彩图

图 5-13　六角网眼网格模型图

　　通过图 5-13 的六角网眼网格模型图，根据数据确定四边形网格的线圈数学模型，计算确定各个线圈的控制点坐标，将坐标带入网格模型中的每个四边形网格，从而生成线圈简单几何模型，借助延展线将相邻纵行之间的线圈连接起来就得到六角网眼的织物简单模型，再加入间隔丝的圈套连接。在 Microsoft Visual Studio 中输入二维数组，通过该思路实现建模，最终通过 OpenGL 实现模型的建立以及相关的渲染处理，便能得到比较贴近实物的仿真模型。六角网眼组织由于线圈十分密集，相邻行列之间的拉伸效果明显，组织内部呈现出比较明显的六角网眼的效果，且表里层的线圈模型大致相同，都由单独的织针编织而成，其经编间隔织物仿真模型图如图 5-14 所示。

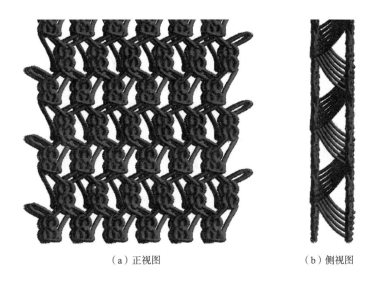

（a）正视图　　　　　　　　　（b）侧视图

图 5-14　表里层为六角网眼组织的经编间隔织物仿真模型图

5.4.2　表里层为四角网眼组织的间隔织物模型的实现

针对表里层为四角网眼组织的经编间隔织物，如图 5-15 所示，左边为四角网眼的基础组织循环的垫纱运动图。根据垫纱运动图得出图 5-15 右边所示的四角网眼的二维数组。

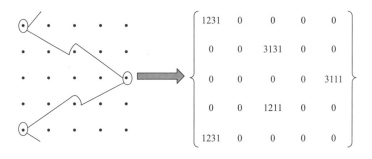

图 5-15　四角网眼组织的垫纱运动图和二维数组图

　　然后根据四角网眼组织的二维数组确立网格模型图，四角网眼网格模型图如图 5-16 所示。

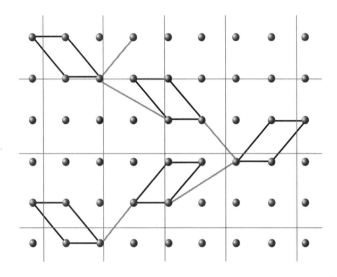

图 5-16　四角网眼网格模型图

　　同理根据网格模型图确定每个四边形网格形态，进而确定线圈的形态，最终实现四角网眼的仿真模型。由于线圈十分密集，四角网眼组织相邻行列之间的拉伸效果十分明显，组织内部呈现出比较明显的四角网眼的效果，且表里层的线圈模型大致相同，表里层都由单独的织针编织而成，其表里层为四角网眼组织的经编间隔织物仿真模型图如图 5-17 所示。

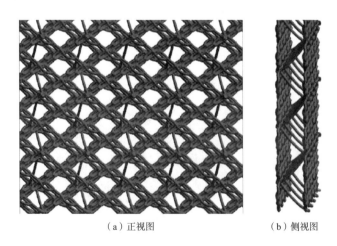

（a）正视图　　　　　　　（b）侧视图

图 5-17　表里层为四角网眼组织的经编间隔织物模型图

基于弹簧—质点模型，建立经编间隔织物的表里层组织质点模型，对织物组织内部结构进行受力分析，将线圈与线圈之间的交织受力点视作为弹簧—质点模型中的一个个质点模型，对每个质点模型进行受力分析，将所受到的结构内力正交分解，即可分解到网格模型相邻质点之间的弹簧处，根据弹簧—质点模型实现弹簧质点的位移即线圈网格顶点的偏移，然后通过采集网眼组织中发生偏移的线圈实物图，采集偏移 1 个针距的线圈各约束点坐标以及未发生偏移线圈的约束点坐标。为保证数据的准确性，每种数据都测取 20 组数据取其平均值，进而得到偏移一个针距线圈的坐标参数偏移量，基于该网格模型，实现非理想状态下表里层为四角网眼组织的仿真模型，且本方法可适用于各种网眼组织。

5.5 基于 MATLAB 的新三针间隔织物的三维动态仿真

图 5-18 所示是一块间隔织物上层的电镜扫描图，不同纵行的线圈与线圈之间紧密接触，同一纵行上，线圈与线圈之间紧密串套，即认为线圈与线圈之间无缝隙。

图 5-19 为新三针间隔织物的提花区电镜扫描图，从图中可以看出连接编链组织不同纵行之间的贾卡组织绑定在编链组织上，贾卡纱线紧密排列并且经向垂直，故可以认为贾卡纱线的线圈纵行垂直，并且线圈纵行与纵行之间紧密排列。

图 5-18 间隔织物上层电镜扫描图　　图 5-19 新三针间隔织物提花区电镜扫描图

将间隔织物上表层的绿色基本组织放入三维坐标的 *XOZ* 平面，双针床写垫纱数码是以右为起点，即 0 在右边，这里为了方便看坐标系从左往右数字增大的习惯，把间隔织物的下表层朝 *y* 轴正方向，如图 5–20 所示。这个操作在建模时没有本质差异。选取贾卡的基本组织，即绿色组织，1–0–1–1/1–2–1–1//，作为研究对象，其余组织的研究原理相同。在实际织物中，由于纱线受到张力拉扯的作用，圈弧更接近椭圆形，圈弧对应的圆的半径小于针的半径，圈干歪斜，每个线圈的两个圈干之间不是无缝隙接触，闭口线圈的两个圈干相交点位置比圈干的端点

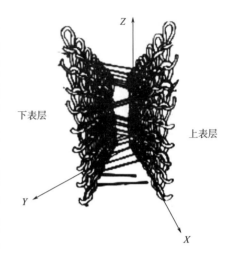

图 5–20　建立坐标系

高，开口线圈的两个圈干不相交。这些因素后续进行探讨。开始建模时，简化模型，假设闭口线圈的圈弧以复合针的半径为半径的半圆，圈干是直线且不歪斜，并且两个圈干无缝隙接触，每个线圈的延展线接触两个圈干的接触点，下一个线圈与上一个线圈纵向间距为 0，以及连接纱在上下表层的线圈的张力对上下表层的线圈在纬向的歪斜影响很小，可忽略不计。图 5–21 为建立的贾卡线圈模型示意图，图 5–22 为贾卡纱线圈电镜扫描图，通过对比发现，模型与纱线真实形状接近，认为模型可行。

图 5–21 中 1、3、5、7 为圈干，2、6 为圈弧，4 为延长线。

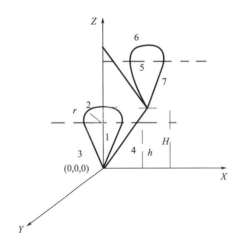

图 5–21　贾卡绿色组织的模型

图 5–22　真实贾卡绿色组织电镜扫描图

　　贾卡绿色线圈的方程式如式（5-13）~式（5-16）所示，上表层的线圈 $Y=0$，令针距为 d，线圈圈高为 H，线圈圈干的高度为 h，针直径为 r，则 $h=H-r$。

　　圈干 1 的三维方程式为：$0 \leqslant x < r$

$$y = 0$$

$$z = \frac{H-r}{r}x \qquad (5-13)$$

　　圈弧 2 的三维方程式为：$y=0$

$$x^2 + (z-H+r)^2 = r^2$$

$$H-r \leqslant z \leqslant H \qquad (5-14)$$

　　圈干 3 的三维方程式为：$-r \leqslant x < 0$

$$y = 0$$

$$z = \frac{r}{r-H}x \qquad (5-15)$$

　　延展线 4 的三维方程式为 :$0 \leqslant x < d$

$$y = 0$$

$$z = \frac{H}{d}x \qquad (5-16)$$

　　将以上组织以数学的方式进行表达，每个线圈的 4 段纱线方程式构成一个 1×4 矩阵如式（4-18）所示，每根纱线的所有线圈方程式构成一个大矩阵，如式（5-17）所示。

$$A_{i4}=[a_1 a_2 a_3 \cdots a_n] \qquad (5-17)$$

　　式中，a_1 为 1×4 矩阵，表示第一根纱、第一个线圈的方程式矩阵，i 表示不同的纱线。

　　所有的纱线方程式矩阵如式（5-18）所示。

$$L_{mn}=[A_{14} A_{24} A_{34} \cdots A_{m4}] \qquad (5-18)$$

式中，m 表示第几根纱线。

　　根据同样的原理，可以写出新三针间隔织物中其余十五种组织的三维方程式。

　　一般间隔组织的连接纱组织单一，常用的一种垫纱数码是 2-1-1-0/1-2-2-3//，即三针经平和编链的垫纱组合在两针床成圈编织，将两表层连接起来，如图 5-23 所示。

　　设间隔织物上下两层的间距为 D，一般 D 为 3 ~ 12mm，依据以上建立模型的原理，可以构建连接纱的方程式。

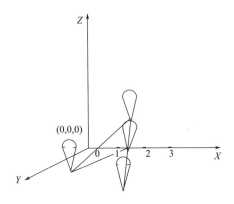

图 5-23　间隔织物连接纱的模型

5.6　基于 Spline 算法的经编间隔织物的仿真建模

5.6.1　多控制点间隔织物线圈理论模型

经编组织由于开闭口线圈以及衬纬线圈的存在，导致经编线圈不具备纬编线圈的对称性，故本节提出一种多控制点线圈理论模型。该模型通过控制点代表纱线中心从而控制纱线走向。如图 5-24 所示，该模型分为圈柱（P_1—P_3 和 P_5—P_7）、圈弧（P_3—P_5）以及延展线（P_7—P_9）三个部分，侧视图中 P_7—P_9 为延展线。

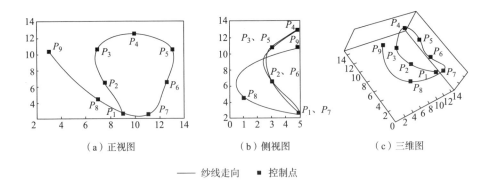

（a）正视图　　　　　　（b）侧视图　　　　　　（c）三维图

—— 纱线走向　■ 控制点

图 5-24　多控制点线圈理论模型图

通过对组织结构图进行几何分析，假设最高点到最低点之间距离为圈高 $h = 10$，纵向相邻间距为针距 $d = 8$，纱线半径 $r = 2$，表里层间距 $s = 20$，可确定理论模型控制点数据，见表 5-2。

表 5-2　线圈理论模型控制点数据

项目	X	Y	Z
P_1	$-1/8d$	0	0
P_2	$-5/16d$	$2/5h$	$-r$
P_3	$-3/8d$	$4/5h$	$-r$
P_4	0	d	0
P_5	$3/8d$	$4/5h$	$-r$
P_6	$5/16d$	$2/5h$	$-r$
P_7	$1/8d$	0	0
P_8	$-3/8d$	$1/5h$	$-1/2s$
P_9	$-7/8d$	$4/5h$	$-s$

将间隔丝融入线圈模型图中，三维结构如图 5-25 所示，表里层通过间隔丝连接起来。

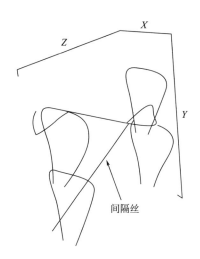

图 5-25　间隔丝结构图

5.6.2　Spline 插值算法

Spline 算法主要基于分段三阶曲线拟合。如图 5-26 所示，将控制点光滑地连接成一条曲线，该曲线有 n 个控制点（线圈模型图有 7 个），设各个点为 P_1，P_2，P_3，$\cdots$，P_n。对于任意坐标，设置一个参数 t 作为自变量，$t = 1$，2，3，$\cdots$，n，且由 t 分别映射 x、y、z 三个坐标值，建立 x-t、y-t、z-t 三个参数方程，如式（5–20）所示。逐个对方程组进行讨论，其中 x、y、z 转化成因变量 F，t 被视为自变量 x，线圈控制点 $P_1 \sim P_2$ 之间可以建立参数方程组。

$$\begin{cases} x=a_it^3 + b_it^2 + c_it + d_i \\ y=a_jt^3 + b_jt^2 + c_jt + d_j \\ z=a_qt^3 + b_qt^2 + c_qt + d_q \end{cases} \qquad (5\text{-}19)$$

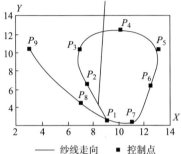

图 5-26　线圈分段函数图

$$F_i=a_it^3 + b_it^2 + c_it + d_i \qquad (5\text{-}20)$$

式中，$i = 1, 2, 3, \cdots, n{-}1$。

已知各段方程满足以下条件。

$$F_i(t_i) = F_i \qquad (5\text{-}21)$$

$$F_i(t_i+1) = F_i+1 \qquad (5\text{-}22)$$

式中，$i = 1, 2, 3, \cdots, n{-}1$。

式（5–21）、式（5–22）为控制各段曲线端点经过所在的函数方程。

$$F_i'(t_{i+1}) = F_{i+1}'(t_{i+1}) \qquad (5\text{-}23)$$

$$F_i''(t_{i+1}) = F_{i+1}''(t_{i+1}) \qquad (5\text{-}24)$$

式中，$i = 1, 2, 3, \cdots, n{-}2$。

式（5–23）、式（5–24）为控制方程一二阶导数连续使曲线光滑的方程。

$$F_1'(t_1) = k_1 \qquad (5\text{-}25)$$

$$F_{n-1}'(t_n) = k_2 \qquad (5\text{-}26)$$

式（5–25）、式（5–26）为确定起始点曲线斜率的方程。

分别对 x-t、y-t、z-t 采用上述方法建立参数方程组，可延伸至更多维数，通过 LU 分解法解出参数方程组，得到最终参数方程组。对所得方程组进行插值运算，控制点间插入 N 个新数据点，且这些数据点具有参数 P [$P = 1$，$1 + n/N$，$1 + 2n/N$，$\cdots$，$(N-1) \times n/N$，n]，这些点能够代入所在曲线的三次方程，反求该点坐标的其他两个参数，通过该办法就能够采用控制点确定纱线的模型，得到的线圈模型经过所有控制点，使得纱线最终走向与实物比较相似。

5.6.3　控制点采集

采集实物图，通过实物图来描绘出控制点，进而得到控制点的数据，根据实物图采集到的控制点能够使所得模型与实物更为贴近，减少了人为经验确定控制点所带来的误差，图 5-27 为间隔织物实物描点图。

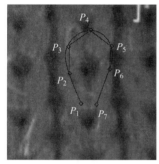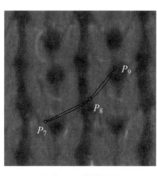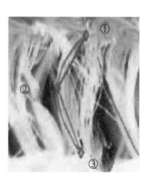

（a）线圈描点图　　　　　　　（b）延展线描点图　　　　　　　（c）间隔丝描点图

图 5-27　间隔织物实物描点图

Z 方向上沿用已知的模型，以纱线半径 r 作为线圈在 Z 轴上的偏移量，进而根据 4.1 节的理论模型描出在 XOY 平面上控制点的位置，从而测得 20 组试验数据，最终求其平均值，线圈的 7 个控制点坐标见表 5-3，以单个像素点作为单位长度。

表 5-3　实测线圈控制点数据

项目	X	Y	Z
P_1	0	0	0
P_2	−5.6	10.9	$-r$
P_3	−10.2	23.2	$-r$
P_4	−1.9	36.1	0
P_5	9.4	24.1	$-r$
P_6	6.0	11.2	$-r$
P_7	2.0	0	0

结合理论模型，对线圈实物正面图和侧面图进行描点，测得 20 组数据，根

据平均值，可以分析得出在间隔丝 3 的控制点坐标，相反方向延展线和间隔丝可根据对称关系依次得出，以单个像素点作为单位长度。

5.6.4　OpenGL 间隔织物的仿真

5.6.4.1　OpenGL 光照渲染

本节采用圆柱作为纱线模型，通过 OpenGL 工具库对模型进行渲染，能够得到更加贴近实物的仿真模型。纱线模型的材质是影响外观的主要因素，不同的材质在不同的光照情况下也会产生不一样的视觉效果。Ambient（环境光）材质向量定义了在环境光照下物体反射的颜色，通常是和物体颜色相同的颜色；Diffuse（漫反射）材质向量定义了在漫反射光照下物体的颜色；Specular（镜面反射）材质向量设置的是镜面光照对物体颜色的影响（甚至可能反射一个物体特定的镜面高光颜色）。通过 OpenGL 库能够定义一个点光源的位置，并且能够对上述 3 种在不同光照情况下的颜色进行参数设定，从而能模拟不同纱线在不同光照环境下所呈现的效果，使得织物模型的色彩逼真、线圈立体生动，建立起优异的织物组织的三维模型。

5.6.4.2　OpenGL 模型的建立

通过测得控制点数据，可以确定圈高 $h = 35.0$，单位针距 $d = 30.5$，表里层距离 $s = 59.5$，通过研究及分析间隔织物组织线圈之间的嵌套关系，结合改进的 Spline 算法和 OpenGL 工具库，实现了 0-1、1-0/1-2、1-2 间隔织物的三维仿真图，得到间隔织物仿真模型，如图 5-28 所示。

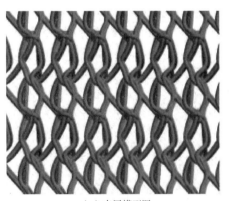

（a）表层模型图　　　　　　　　　（b）侧面模型图

图 5-28　间隔织物仿真模型图

第6章　钩编针织物的组织结构与仿真

6.1　钩编常用组织

在钩编织物中，最常用的组织有编链组织、衬纬组织和压纱组织。编链组织一般用于编织地组织，纬纱则于地组织上进行衬纬形成花纹。

6.1.1　钩编用编链组织

编链组织是经编针织产品最基本的组织结构之一，是由一根纱线在同枚织针上垫纱编织而成的线圈纵行构成，如图6-1所示。根据垫纱方式的不同，编链组织可以分为开口编链和闭口编链。由编链组织的编织方式可知，编链组织中各线圈纵行之间并无联系，因此，单独的编链组织并不能编织成织物。编链组织一般会与其他经编组织（如衬纬组织）配合编织，形成各种花型的经编针织产品。

在钩编针织物中，编链组织一般作为地组织，与衬纬纱、提花纱等复合，形成钩编针织物。松紧带、肩带、花边及家纺服装装饰面料等钩编织物均是在编链地组织基础上编织而成。

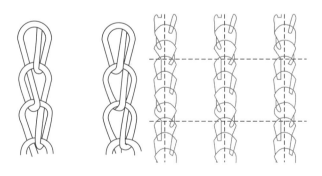

图6-1　钩编用编链组织图

6.1.2　钩编用衬纬组织

在经编针织产品的线圈圈干及延展线之间，周期性地垫入一根或几根不成圈的纬纱而形成的组织，称为衬纬组织（图6-2）。衬纬组织根据衬垫方式的不同，可以分为部分衬纬和全幅衬纬。部分衬纬就是将纬纱按导纱梳横移的针距数垫入地组织的圈干及延展线之间。全幅衬纬则是利用特有的纬纱衬入机构将纬纱全针距衬入全幅织物中。多数花型的编织都依赖于衬纬组织。

经编用纱对经纱纱线的强度要求较高，但对衬纬纱的强度要求就有所不同。这是因为衬纬纱在编织过程中受到的张力等因素不及经纱。因此，在钩编织物中，可以选用的衬纬纱原料很多，如花式纱、较粗的加捻纱等。在选择合适的衬纬方式的基础上，利用衬纬纱的品种、颜色及纱线形式的变化，可以编织出各种花型效果的钩编针织产品。例如，当衬纬纱选用弹性材料时，可以制得弹性编带等织物。

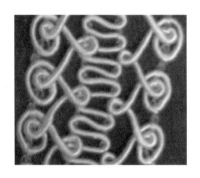

图 6-2　钩编用衬纬组织结构

6.1.3　钩编用压纱组织

在经编针织产品中，压纱纱线的始末部分围绕在地组织线圈基部，其余部分浮于地组织之上，形成一定立体效果的花纹。压纱纱线与衬纬纱一样，并不参与编织成圈，因此，压纱纱线可以有多品种的选择，如花色纱、粗纱等。同时，压纱梳栉选择满穿或部分穿经方式，引导压纱纱线进行开口或闭口垫纱运动，均可以形成压纱花纹效应，丰富织物花型。这类组织在钩编机上同样能形成各色花纹效应。

6.2　钩编针织物垫纱数码数学模型

为实现钩编产品的高效、快速设计，并能让设计人员对钩编针织物的整体效果进行预测，必须实现钩编产品的智能化设计与仿真，建立钩编线圈模型是必需的基础工作。在建立钩编线圈单元模型时，必须首先解决线圈结构的表达问题。

在设计钩编织物时，一般首先在意匠纸上描绘梳栉的垫纱运动图（图 6-3），然后记录其垫纱数码。垫纱数码描述了纱线的垫纱运动趋势，顺序地记录了各横列的导纱针在针前的横移情况，是一种经编组织的数学描述方法。垫纱数码能够直观、简便地表达出钩编针织产品的组织结构。

在经编针织物中，一般将纱线在针前的垫纱运动规律做记录形成垫纱数码。而在钩编针织物中，是以纱线在针背横移状况作为运动规律，记录成垫纱数码。

图 6-3 为钩编针织物的垫纱运动图。从左向右，三把梳栉垫纱的运动数码分别为：

L_1：9-7-7-7-7/3-7-7-7-7/3-7-7-7-7/7-7-7-7-7//

L_2：1-1/9-5/5-5/5-1//

L_3：5-7-7-7-7/11-7-7-7-7/11-7-7-7-7/7-7-7-7-7//

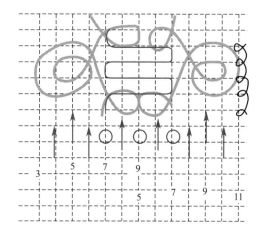

彩图

图 6-3　钩编针织物垫纱运动图

从三把梳栉的垫纱数码可以看出，其与一般的经编针织物的垫纱运动表示有很大的差别。在钩编组织表达时，梳栉的垫纱数码一般以奇数表示。这解释了如梳栉 L_1 数码中，第二横列中垫纱数码为 /3-7-7-7-7/ 而非 /3-8-8-8-8-8/。

同时，钩编组织与右边编链组织相比，当完成两个横列的线圈编织时，梳栉 L_1 引导钩编纱线完成一个横列的线圈编织。而在实际上机编织过程中，这两者的导纱梳运动动程是相互配合的，因此，其采用一个动程的垫纱数码后几位数字一致的表示方式。

第二行开始的双线圈结构，尽管线圈实际长度不一致，但在编织时，梳栉在针背的横移动程是一致的。这种结构是由挡针的作用所形成的。因此，这两者的垫纱数码一致。

因此，对特殊类钩编针织物的垫纱数码表达进行直接的规定。直接将数码

/3-7-7-7-7/3-7-7-7-7/ 的表达形式赋予双结构线圈，而 9-7-7-7-7/ 的表达形式赋予第一横列中的单结构线圈，三层结构线圈的数码表达形式则规定为 1-7-7-7-7/1-7-7-7-7/1-7-7-7-7/，在工艺保存时可以生成独立的垫纱运动数码文本。

钩编织物的其他组织（如衬纬组织）的垫纱数码以数学的方式进行表达，可以选择二维矩阵 L_{MN} 形式表示垫纱数码，并将这种数学描述方法进一步转化为机器能够识别的算法。其中，M 表示梳栉数，N 表示一个完全组织的横列数。则任意一把梳栉的垫纱运动规律可以用矩阵 A_{i2} 表示：

$$A_{i2}=[a_1a_2a_3\cdots a_N]^T \tag{6-1}$$

式中，a 为 1×2 矩阵，$i=1$，2，$\cdots$，M。

矩阵 A_{i2} 记录的是一把梳栉的垫纱运动数码，若要记录多把梳栉的垫纱规律，可用一个二维矩阵 L_{MN} 来表示：

$$L_{MN}=[A_{12}A_{22}A_{32}\cdots A_{M2}] \tag{6-2}$$

钩编组织是多变的，这是因为其线圈结构会存在变形，这种变形并不是因其在织物中受到张力的影响而形成的，而是在编织过程中，因钩编机上的挡针装置的作用所形成的。这类特殊的衬纬组织在高度、宽度上可以发生较大的变化，这与一般经编组织中的线圈在织物中因受力而发生偏移有本质的区别。因此，在线圈建模中，将同种结构的线圈视为一类，以数字 j 进行标号，每类线圈需设定一个基本的线圈结构。

线圈的高度、宽度及垫纱数码能很好地反映线圈结构的变化。因此，在建立组织垫纱数码的数学模型后，以数学的方式建立表达关系式，确立三者之间的对应关系。

6.3 钩编线圈的仿真模型

与普通经编针织物相比，钩编针织物的独特性表现在其组织结构上，这类组织结构是通过挡针装置实现的。纱线在钩编机上参与垫纱运动后，在挡针辅助下编织出较为特殊的压纱结构。该压纱组织垫纱运动方式与一般的压纱经编组织一致，不同的是其缠绕在线圈基部的线圈结构发生了变化，而形成特殊的压纱组织，这是钩编织物花型设计中的一大特点［图 6-4（a）］。

建立该线圈模型需要 6 个控制点来描述线圈结构，如图 6-4(b)所示。其中，h 为该压纱结构呈纱圈状部分的宽度参数，w 为该部分的高度参数，参数 h 与 w 均是可变参数。

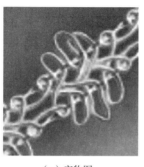

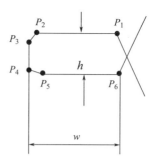

（a）实物图　　　　　　　　　　（b）压纱模型

图 6-4　压纱组织结构

挡针能使简单的压纱组织产生多种变化，钩编针织产品在编织过程中还可以实现更为复杂的特殊双衬纬组织结构。这类线圈单元的建模实现过程可以分为三步：根据钩编织物的实际形态，确定建立该类线圈结构的控制点数；建立线圈单元结构的数学几何模型；为建立复杂的线圈单元，使拟合曲线更加光滑流畅，会适当增加控制点数。根据花型设计需要，钩编针织产品在机上编织时能够实现双压纱线圈的形变。这为双压纱线圈单元的几何模型的建立增加了难度，既要建立复杂的模型，又要综合考虑其结构变化特点，因此，控制点的选择与数学表达是建立该模型的关键。

图 6-4（b）为双衬纬线圈单元的基本结构模型之一，共确定了 13 个控制点以准确、有效地模拟线圈实际形态。通过观察这类线圈结构的变化规律，选择以合适的数学方程式表达各控制点变化时的规律。该双衬纬结构的宽度计算可以分为 w_1、w_2、w_3 三部分，则该线圈单元的宽度即为三部分的总和。同理，各部分的高度 h_1、h_2、h_3 之和即为该模型线圈的高度。该线圈模型的宽度及高度计算式为：

$$W=\sum_{i=1}^{3} k_i \times w_i \qquad (6\text{-}3)$$

$$H=\sum_{j=1}^{3} k_j \times h_j \qquad (6\text{-}4)$$

式中，k 为修正参数，可以根据实验所得数据或经验得出该数值；w 为各部分高度参数，可由实际测量所得。

建立该线圈单元模型时，需要综合考虑以下几方面因素。

（1）纱线的垫纱方向。可以设定参数 S_n，以 if 语句进行判断控制，实现垫纱运动方向的选择。

（2）控制点坐标。线圈宽度参数 w 与高度参数 h 变动时，线圈形状会发生变化。因此，此类线圈单元的几何数学模型的各控制点坐标须相应的变动，控制点不再是固定的点。构建包含宽度参数 w 及高度参数 h 的数学表达式 $F(x_i)$、$F(y_j)$，依次建立控制点与线圈参数之间的联系，实现此类线圈模型的变形。控制点 1–7 的坐标如下坐标点所示：

$$P_1: x=a_1 \times F(x_1) \times dx; \ y=b_1 \times F(y_1) \times dy \qquad (6-5)$$

$$P_2: x=a_2 \times F(x_2) \times dx; \ y=b_2 \times F(y_2) \times dy \qquad (6-6)$$

$$P_3: x=a_3 \times F(x_3) \times dx; \ y=b_3 \times F(y_3) \times dy \qquad (6-7)$$

$$P_4: x=a_4 \times F(x_4) \times dx, \ y=b_4 \times F(y_4) \times dy \qquad (6-8)$$

$$P_5: x=a_5 \times F(x_5) \times dx; \ y=b_5 \times F(y_5) \times dy \qquad (6-9)$$

$$P_6: x=a_6 \times F(x_6) \times dx; \ y=b_6 \times F(y_6) \times dy \qquad (6-10)$$

$$P_7: x=a_7 \times F(x_7) \times dx; \ y=b_7 \times F(y_7) \times dy \qquad (6-11)$$

线圈结构可随高度或宽度变化（或两参数同时变化）而变动，因此必须考虑线圈变形后其结构是否符合线圈的实际情况。

本节是在理想状态下建立这类线圈单元几何模型。图 6-5（c）为图 6-5（a）所示的钩编织物的部分模拟图，图 6-5（d）是图 6-5（b）所示这一基本线圈模型的其中一个变形线圈模型。该线圈结构的变形只体现在线圈单元的高度上。而实际上，该线圈结构的高与宽均可变化，形成多种线圈变形结构。

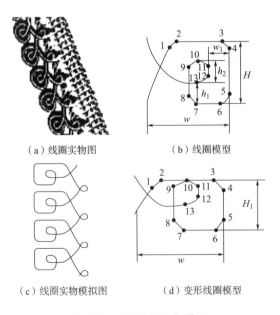

（a）线圈实物图　　　　（b）线圈模型

（c）线圈实物模拟图　　　（d）变形线圈模型

图 6-5　钩编线圈几何模型

　　该模型建立的理论方法与双压纱线圈单元几何模型一致：以高度及宽度为参数建立函数，实现动态控制点的选择，以 Bezier 曲线方程进行曲线拟合，最终建立该类模型。建立该模型所考虑的因素与双层结构模型类似，因其结构更为复杂，其控制点确定的难度更大。该线圈数学模型同样存在多种变形可能。

　　由于这类特殊结构的钩编线圈有变形结构的存在，因此需要建立各线圈之间的联系，使各模型间的变形形成一定的规律，用数学方式表达，方便函数的调用。在建立钩编组织垫纱数码模型时，其同时也记录了线圈的类型、高度及宽度。因此，在工艺设计时构建模型的参数，可以实现调整组织结构的交互式操作，即分别为每个模型设置三个基本参数：模型类型、模型的高度及宽度。如图 6-6 所示，通过单元结构参数的设置，可以实现各钩编线圈之间的调用。

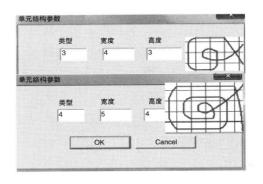

图 6-6　线圈模型参数设置对话框

第7章　三维人体及服装建模

7.1　三维人体建模技术分析

目前，关于人体模型的研究大致可以归为两类：几何模型和物理模型。

7.1.1　几何模型

几何模型的主要原理就是运用几何模块的方法，将目标物体用带有几何属性的三角形网格及参数化曲面等来模拟人体表面的曲面构造。

这种方法的优点在于，可将复杂的问题简单化，即忽略人体的内部结构，并且用几个简单的几何模型来模拟人体的表面，因此容易实现通过改变某些点的位置来改变人体的形状。因为只有有限的点云数据，所以计算量小，算法效率较高。但它的缺点是：只由简单的线条组合，构造出来的人体模型只是一些空间点，很难模拟出人体的真实感，并且达不到真实的动态效果。几何模型的建模方法主要分为线框建模、曲面建模以及实体建模。

（1）线框建模。线框建模通过点、线、弧、B样条曲线等几何元素，来构造三维人体模型。该法最早应用于计算机图形学中的CAD、CAM领域，其优点是：数据量少，定义比较简单，所以运算速度快，比较适合传统的打样。其缺点是：数据过少，无法精确地描述人体的特性，还会产生模糊性、歧义性，由于该方法是点线操作的，所以无法进行剖面切割的操作。

（2）实体建模。与线框建模法相较而言，20世纪60年代提出的实体建模法更具优势。它不仅对人体的表面数据进行建模，同时也对人体的内部构造进行了几何建模。因为该方法的技术理论发展的起点比较高，设备也很完善，能够提供人体内部和外部所有的几何结构及图像信息，所以，它解决了使用线框建模所带来的不便。实体建模方法的优点是：可以没有二义性地表达人体三维模型，并且支持人体的自动消隐功能，逼真地显示出人体的三维模型。但是实体模型建模法因为其构造了人体的外部和内部的所有数据，这些数据比较庞大，所以不可避免地出现计算速度慢、效率低、时间长等问题。

（3）曲面建模。曲面建模是指将复杂的人体划分为几个曲面部分，先单独建立每一部分的曲面模型，然后，再把这些部分全部依次拼接起来，从而就构成完整的人体模型。而每个曲面的光滑程度，均由相对应的曲面上的这些离散数据点来确定。因为人体的表面都是由一些形状不规则的曲面组成的，所以，用平面来拟合人体表面，这种方法并不实际，也不准确，因此有人提出了曲面建模的方法，该法根据人体的每一个曲面来描述人体三维模型。人体的表面是由顶点、边和面组成的，而点、线、面之间的拓扑关系，描述的就是曲面建模的中心思想。在描述人体几何拓扑关系上，曲面建模比线框建模更加完善。因为曲线建模法包含三维信息，可以真实地显示出逼真的三维效果，并实现自动化消隐功能。同样它也具有几何模型的缺点：由于它并没有包含人体的实体部分，所以无法动态地显示三维效果和剖面切割。

7.1.2　基于解剖学的物理模型

物理模型涉及人体的骨架、骨骼、肌肉、脂肪以及皮肤等部分，并且这种建模方法对每一部分采用不同的模型处理。例如，将骨头层视为刚性层，因为这一层的硬度很高，并且不会产生几何形变，所以该层可以用几何模型来模拟；而皮肤在人体的最外围，它具有不规则及柔软两种特性，所以通常使用物理模型来建立皮肤层的模型。

由于物理模型具有高效仿真的特性，因此，这种建模方法可以计算不同点之间的细微运动特点。但是它也存在缺点，因为计算数据量太大，所以计算机的处理运行速度较慢，算法效率较低。综合考虑各种建模方法的优缺点以及本节建模的目的，采用曲面建模法来建立三维人体模型。

通过处理，本节得到三维人体模型上所有特征点的坐标（以标记带相交区域的中心点为特征点，包括颈围上 4 个特征点和身体上的 8×16 个特征点）。这些特征点相距较远，仅用这些坐标点建立的人体模型与真实的模型相差很大，不能达到服装 CAD 的应用要求。因此，需要通过插值算法来完善这些数据。

在图像处理领域里，图像插值主要是指二维插值。插值通常是利用曲线拟合的方法，通过离散采样点建立一个连续的函数，用这个重建的函数便可以求出连续函数上任意位置的函数值，即详细的三维人体特征数据。

常用的插值法包括：最近邻（nearest）插值、线性（linear）插值、立方（cubic）插值、三次样条插值。本节以胸围和腰围为例，对这些插值方法进行比较，所拟合的曲线如图 7-1、图 7-2 所示。

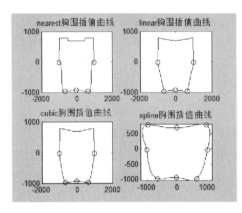

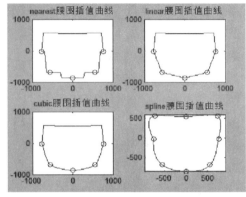

图7-1 胸围插值曲线比较　　　　　图7-2 腰围插值曲线比较

由图可知，三次样条插值曲线较为接近真实的人体曲线。因此，本节选用三次 B 样条插值法，对实体人台模型上标识带所标记的横围进行曲线拟合，并记录每条横围上的 80 个特征点的坐标值。

实际上，被国际标准采纳用于定义产品形状的非均匀有理 B 样条是曲面建模中的一种好方法，在 CAD、CAM 系统和图形界得到了广泛研究并成功地应用于产品外形的几何插值和设计。NURBS 曲面不仅可以表示标准解析曲面，还可以表示复杂的自由曲面。相比其他建模曲面，它具有良好的逼近性，很适合用于人体和服装这种极其复杂和不规则的曲面建模。另外，NURBS 曲面通过修改控制点来实现局部曲面修改，且不会影响整体曲面的特性，比其他数学模型更适用于服装款式和人台的建模。

图7-3 为人体部分特殊部位的曲线拟合图（第一列依次为领围线、肩围线、腰围线；第二列依次为胸围上邻线、胸围线、胸围下邻线）。

这些具体的特征点坐标，在建模的时候作为控制点，能够建立光滑的人台模型。然而由于个性化人体尺寸的多变性，需要明确个性化人体与人台模型之间的尺寸关系，这样才能建立目标尺寸的人体模型。预先计算出人台

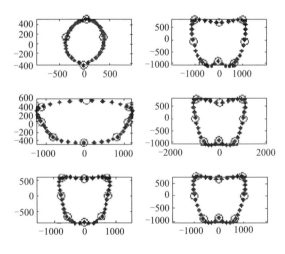

图7-3 人体部分特殊部位的曲线拟合图

模型上各个横围的宽度和厚度（以腰围拟合曲线为例，如图 7-4 所示，图中 dx 表示宽度、dy 表示厚度、zl 表示周长，三者均以像素为单位）。其中，宽度为拟合曲线在 X 轴方向上的最大距离值，厚度则为拟合曲线在 y 轴的正负方向以原点为起点的最大距离值，具体原理和计算方法会在 7.2 节具体介绍。

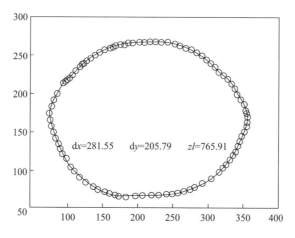

图 7-4　腰围拟合曲线的宽、厚以及周长

通过上述的数据处理，得到人台上 17×80 个（共 17 横围，每横围上 80 个特征点）特征点坐标，在图像处理工具 MATLAB 中，令 x=POINT（：，1）、y=POINT（：，2）、z=POINT（：，3），调用 plot3（x，y，z，'.b'）函数绘制三维人台点云模型，人台点云模型如图 7-5 所示。

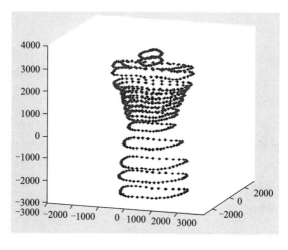

图 7-5　人台点云模型图

　　获取三维人台上的三维型值点数据后，便可以用网格小平面法进行三维人台曲面绘制。网格小平面法是指将人台表面分成像网格一样的许多个小平面，并将这些小平面一次连接起来，构成人台表面模型。

　　本文中构造三维实体模型的函数是 Patch 构造函数，具体用法如下：

　　P=Patch('Faces', Face,'Vertices', vert ,'FaceVertexCData', tcolor, 'FaceColor', 'Flat') ；

其中，'Faces' 是顶点构成片块的矩阵索引号，'Vertices' 的参数是组成片块的顶点矩阵，'FaceVertexCData' 是片块 / 顶点颜色设置，'FaceColor' 是指片块表面颜色渲染方式。通过这些参数来设置人台模型的颜色、片块表面颜色和边界线颜色。

　　由于人台表面被分为许多个网格小平面，运算的重复率很高。为了简化操作，采用 for 循环控制语句。在这之前，还需要对测得的特征点数据进行整合，使其符合人体形态，并且按照一定的逻辑顺序排列的存储状态，达到方便计算机虚拟语句控制的方式。

　　为了更加形象地展现三维人体躯干模型的真实感，对人台模型进行光照渲染。

　　set(P,'FaceLighting', 'Phong', 'FaceColor', 'interp', 'AmbientStrength',t) ；light ('Position',[x,y,z],'Style','infinite');

　　其中，P 为表面对象名，'FaceLighting' 为片块表面颜色属性。'AmbientStrength' 用于设定图形场景中特定对象上环境灯光的强度。

　　函数 light('Position',[x,y,z], 'Style','inFinite') 用于设置灯光位置和风格。绘制出的三维人台模型如图 7-6 所示。

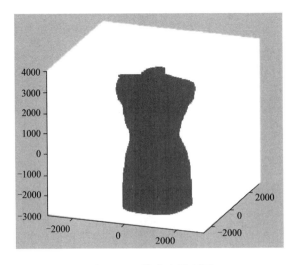

图 7-6　三维人台模型图

以领口拟合曲线作为领口的边界线（图 7-7），其他三维数据点仍然依次作为网格小平面建模法的控制点，建立的三维 V 领 T 恤模型如图 7-8 所示。

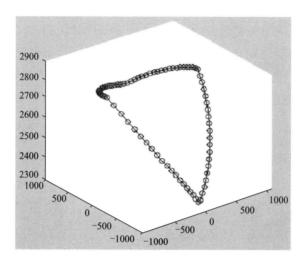

图 7-7　三维 V 领领口拟合曲线

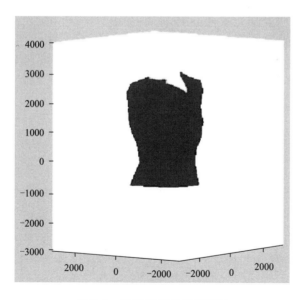

图 7-8　三维 V 领 T 恤模型图

裙装因形状较为简单，直接用相对应的尺寸建立几何模型即可。服装模型试穿在三维人台模型上的效果如图 7-9 所示。

三维目标服装模型上所有的型值点，如图 7-5 所示。本节所用的三维人台模型上有横向的 17 圈标记带，标号由 1 至 17，纵向则有 8 条，分别标记为 a,b,c,d,e,f,g,h，并横向插入得到每圈上 80 个点。因为采用均匀样条插值曲线，所以每圈横向的 80 个点是均匀分布的。这里以第 8 圈的胸围线为例具体说明，根据这 80 个特征点均匀分布的原则，a 和 b 之间、b 和 c 之间、c 和 d 之间、d 和 e 之间、e 和 f 之间、f 和 g 之间、g 和 h 之间、h 和 a 之间各有十个型值点。经过上述放松量的数据处理，这些数据已经变成服装三维模型上相对应的型值点。这样饰物模型与服装模型的接触点，也就是饰物设计安放在服装的哪个部位也就可以确定了。

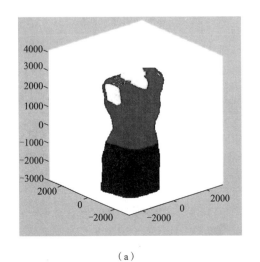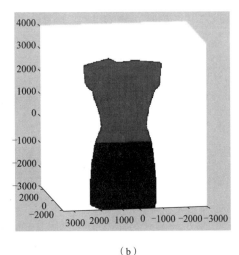

（a）　　　　　　　　　　　　　　　　（b）

图 7-9　三维人台与服装模型图

建立目标服装模型时，服装上面的饰物的大小、形状以及所处的位置都是已知的，这些信息都需要用肉眼观察出来然后输入软件系统，以此来控制执行语句，已达到研究开发者的目的。为此需要将肉眼观察的结果和计算机执行语句统一起来。为了解决这一问题，本节设定一个基准点（为方便起见，这个基准点最好是饰物与服装相接触的某一个特征点）。以此基准点为参照物，控制该饰物形状与大小的所有特征点距离都可以目测出来。但目测出的距离以 mm 为单位，采用公式计算出这些距离所代表的像素值。基于这些信息，便可以建立三维饰物模型（图 7-10）。具体实现函数如下：

Vert t=[(x1,y1,z1);(x2,y2,z2);(x3,y3,z3);......];　P=Patch('Faces',Face,'Vertices', vert t,'FaceVertexCData', tcolor ,'FaceColor', tcolor, 'EdgeColor',tcolor);

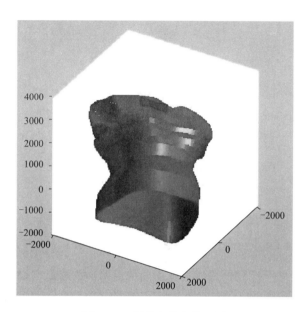

图 7-10 服装与饰物模型图

其中，x_i、y_i、z_i 为所有特征点的三维坐标值。'FaceColor' 和 'EdgeColor' 为片块表面和边界线的渲染颜色。

根据这些数学公式，可以计算出服装肩部围度、胸围、腰围、臀围，以及胸围上方两圈和胸围下方两圈的围度。测量最后的这两个围度的原因是这两个围度是人体厚度的缩放的关键点。

本文以胸围线和腰围线之间的缩放为例（图 7-11），对上面的方法进行验证，经过放码处理的三维服装模型如图 7-12、图 7-13 所示。

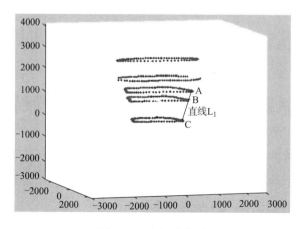

图 7-11 空间直线图

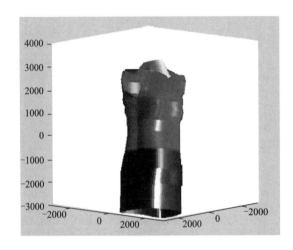

图 7-12　三维服装模型侧面

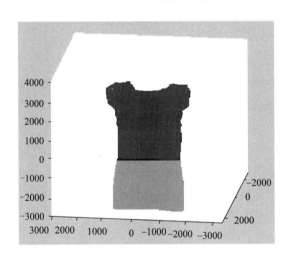

图 7-13　三维服装模型背面

7.2　基于机器视觉的自动化人体测量及服装选型系统

7.2.1　人体特征点检测及宽厚尺寸提取

在人体特征点检测前，根据特征点的特征在图像中的明显程度，对特征点的检测难易程度进行分类。如头部特征点在人体正面图像中为头部检测区域中最宽处水平与轮廓两侧相交的点，胸部为侧面图像中胸部检测区域外轮廓最突出的点，臀部为侧面图像中臀部检测区域外轮廓最突出的点，也是臀部检测区域最宽处与轮廓的交点。将这些易于检测的点分为简单特征点，而对于人体颈部、肩部、腰部特征中不易于从图中直接获取的点划分为复杂特征点。划分完成后，结合物理测量知识，对特征点由易到难进行逐一检测。

7.2.1.1 头部特征点识别及宽厚尺寸提取

头围的物理检测方法为用软卷尺测量前额经两耳上方所得的头部最大宽度。对应到正面图像中的几何特征为头部检测区域中的图像最宽处，如图7-14所示。

头部特征点的几何特征明显，因而易于检测。检测思路如下：以头顶最高处为起始行，头部检测区域最低处为终止行，从上到下、从左到右逐行计算所占宽度，并记录下最宽处的行数，从左至右画水平线，水平线与轮廓的交界点即为两侧的头部特征点。在实际检测中，通过填充轮廓图像并计算每行面积的方式，可替代逐一像素点扫描的方式快速定位头部最宽处，表示行面积的首位置

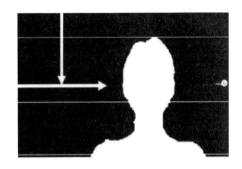

图 7-14　头部特征点检测

点与末尾点即为头部的两侧特征点，选取其中列位置最低点为扩大检测区域容错时所参考的相邻部位特征点。两侧特征点间的距离即为头部宽度。设头部检测区域最高处高度为 y_1，最低处高度为 y_2，高度为 y 时轮廓所占行面积为 S_y，头宽表达式如式（7-1）所示。

$$\begin{cases} W_{头宽} = \max_{y_2 \leqslant y \leqslant y_1} (S_y) \\ S_y = \mathrm{sum}(f(x, y) = 1) \end{cases} \quad （7-1）$$

在获取到头部正面特征点后，通过特征点与身高的比例关系映射到侧面图像中，从而确定侧面图像中的头部两侧特征点，并计算头部厚度，通过换算得到实际数据。由上述方法检测得到的特征点效果图如图 7-15 所示。

本方法测得的头部宽度与厚度数据和传统人工测量方法得到的数据对比见表 7-1。

图7-15　人体头部特征点检测效果图

表7-1　人体头部宽度与厚度数据表

编号	本方法测量（cm）		人工测量（cm）		误差（%）	
	宽度	厚度	宽度	厚度	宽度	厚度
1	15.3	18.8	15.4	19.3	0.6	2.6
2	16.2	19.8	16.7	20.2	3.0	2.0
3	16.1	19.7	15.8	20.1	1.9	2.0
4	15.5	19.8	16.6	20.1	6.6	1.5
5	16.4	19.7	16.1	19.1	1.9	3.1
6	17.2	19.0	17.8	18.7	3.4	1.6
7	18.8	19.3	18.3	20.4	2.7	5.4
8	18.6	19.6	18.4	19.8	1.1	1.0
9	17.8	18.0	17.7	18.1	0.6	0.6
10	17.5	19.6	17.1	19.9	2.3	1.5

7.2.1.2　胸部特征点识别及宽厚尺寸提取

胸围的物理测量方法为测量人体胸部最突出部分的外部周长。在检测胸部特征点时，正面图像中胸部特征点特征较为不明显，难以直接检测得出。而在侧面人体图像中，胸部特征点为胸部检测区域中前胸部分最突出的地方，如图7-16所示。

在胸部特征点检测时，从侧面图像开始检测，检测思路与头部检测思路一致，以胸部检测区域中最低处 y_1 为初始扫描行，胸部检测区域中最高处 y_2 为终止扫描行，从下至上进行逐一扫描并计算每行人体二值图像所占面积。扫描结束后，最大行面积所在高度即为胸部特征点所在高度，该高度水平线与人体侧面轮廓的交点即为侧面图像中的人体胸部特征点，胸厚表达式为：

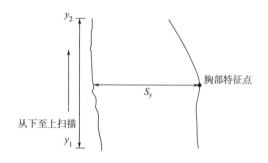

图7-16　胸部特征点检测

$$\begin{cases} W_{胸厚} = \max_{y_2 \leqslant y \leqslant y_1} (S_y) \\ S_y = \text{sum}(f(x, y) = 1) \end{cases} \qquad (7-2)$$

式中，S_y 为第 y 行扫描的人体图像所占的行面积。

根据高度比例将侧面图像上胸部特征点的高度映射到正面图像中，与人体轮廓的两个交点即为正面图像中的胸部特征点，胸宽表达式为：

$$W_{胸宽} = |x_1 - x_2| \hspace{3cm} (7-3)$$

式中，x_1、x_2 分别为正面图像中轮廓上胸部特征点对应的横坐标。

由上述方法检测得到的胸部特征点效果图如图 7-17 所示。

通过上述方法测量的胸部宽度与厚度数据与传统人工测量方法得到的数据对比见表 7-2。

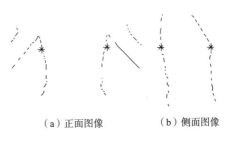

（a）正面图像　　　　（b）侧面图像

图 7-17　人体胸部特征点检测效果图

表 7-2　人体胸部宽度与厚度数据表

编号	本方法测量（cm）		人工测量（cm）		误差（%）	
	宽度	厚度	宽度	厚度	宽度	厚度
1	28.5	21.7	28.1	22.0	1.4	1.4
2	29.6	22.0	28.8	22.2	2.8	0.9
3	26.4	23.8	27.4	24.4	3.6	2.5
4	28.9	24.1	28.7	24.5	0.7	1.6
5	29.1	22.5	28.4	23.4	2.5	3.8
6	31.0	25.5	29.7	26.3	4.4	3.0
7	33.6	23.1	32.6	23.7	3.1	2.5
8	31.7	24.8	33.1	25.5	4.2	2.7
9	33.0	22.9	31.5	24.1	4.8	5.0
10	30.6	22.1	28.8	23.3	6.3	5.2

7.2.1.3　臀部特征点识别及宽厚尺寸提取

臀围的物理测量方法为围绕臀部最丰满部位水平测量一周。在图像法测量中，臀部特征较为明显，易于测量，测量示意图如图 7-18 所示。

侧面图像中，臀部检测区域的最低处 y_1 为起始行，臀部检测区域最高处 y_2 为终止行，从下至上遍历两侧轮廓，求取同高度两侧轮廓坐标点的横坐标 x_1、x_2 的差值，选取

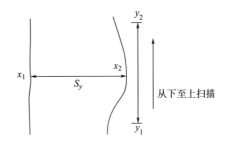

图 7-18　人体臀部特征点检测

最大差值的行所在的轮廓两侧的点为臀部特征点，臀厚表达式为：

$$W_{臀厚} = \max_{y_2 \leqslant y \leqslant y_1} (x_2 - x_1) \tag{7-4}$$

获取侧面图像中臀部特征点后，通过身高比例映射到正面图像中，并根据正面图像中的臀部特征点的横坐标差值计算臀宽。上述方法检测得到的臀部特征点效果图如图 7-19 所示。

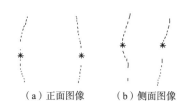

（a）正面图像　　　（b）侧面图像

图 7-19　人体臀部特征点检测效果图

本方法检测的臀部宽度与厚度数据与传统人工测量方法得到的数据对比见表 7-3。

表 7-3　人体臀部宽度与厚度数据表

编号	本方法测量（cm）		人工测量（cm）		误差（%）	
	宽度	厚度	宽度	厚度	宽度	厚度
1	32.2	22.1	31.7	21.7	1.6	1.8
2	33.1	23.3	32.7	22.7	1.2	2.6
3	31.5	23.0	33.4	24.0	5.7	4.2
4	37.0	27.7	35.5	28.1	4.2	1.4
5	33.6	23.3	32.1	22.4	4.7	4.0
6	36.0	25.7	36.8	24.8	2.2	3.6
7	34.9	21.2	35.6	19.7	2.0	7.6
8	38.1	21.5	36.8	22.7	3.5	5.3
9	32.5	22.7	33.1	23.3	1.8	2.6
10	36.6	23.4	35.4	24.9	3.4	6.0

7.2.1.4　腰部特征点识别及宽厚尺寸提取

以腰部检测区域最低处为初始行，腰部检测区域最高处为终止行，选取某一侧轮廓段，通过均值滤波平滑曲线，并采用三次曲线拟合再次对曲线进行平滑操作，使得轮廓线段不再为像素点的坐标点集，方便计算。将轮廓曲线的点集行列对调进行曲线拟合，并求取一阶导数为 0 的点集坐标。第一个导数为 0 的点即为腰部特征点，另一侧腰部特征点则以该特征点水平移动与另一侧轮廓的交点近似替代，表达式为：

$$\begin{cases} f(x) = ax^3 + bx^2 + cx + d \\ X = \text{find}(f(x)' = 0) \\ x_{腰} = X(1) \end{cases} \tag{7-5}$$

式中，$f(x)$ 为拟合得到的三次函数曲线，X 为 $f(X)$ 导数为 0 的点的集合。

检测得到的腰部特征点效果与传统测量方法的效果对比图如图 7-20 所示。

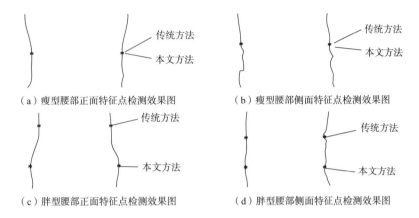

（a）瘦型腰部正面特征点检测效果图　　　　（b）瘦型腰部侧面特征点检测效果图

（c）胖型腰部正面特征点检测效果图　　　　（d）胖型腰部侧面特征点检测效果图

图 7-20　人体腰部特征点检测效果图

本节方法检测的腰部宽度与厚度数据与传统人工测量方法得到的数据对比见表 7-4。

表 7-4　人体腰部宽厚数据表

编号	本方法测量（cm）		传统方法测量（cm）		人工测量（cm）		本方法误差（%）		传统方法误差（%）	
	宽度	厚度	宽度	厚度	宽度	厚度	宽度	厚度	宽度	厚度
1	22.2	16.4	22.3	16.8	21.9	16.6	1.4	1.2	1.8	1.2
2	23.8	17.2	23.9	17.2	23.4	16.9	1.7	1.8	2.1	1.8
3	24.2	19.0	24.3	18.8	24.7	19.1	2.0	0.5	1.7	1.6
4	26.8	22.7	28.5	23.3	27.6	23.0	3.0	1.3	3.3	1.3
5	23.2	16.8	23.3	27.1	22.7	16.7	2.2	0.6	2.6	6.2
6	32.0	23.2	31.8	23.2	32.8	22.8	2.4	1.8	3.0	1.8
7	25.9	17.6	26.9	18.1	26.4	17.8	1.9	1.1	1.9	1.7
8	29.2	21.8	29.8	22.2	28.6	21.5	3.2	1.4	3.6	3.3
9	35.9	21.2	30.9	20.8	34.8	21.7	3.2	2.3	11.2	4.1
10	32.3	21.6	33.1	22.5	31.5	21.9	2.5	1.4	5.1	2.7

7.2.2　人体模型与服装模型的建立

为了更加方便地获取人体模型与服装模型的数据，本文借助了 Blender 软件提供的人体模型，通过生成人体模型并做参数调整的方式获取到目标人体模型，并通过人体数据对应的服装衣片数据导入、缝合和模拟的方式，实现了衣片的缝合与服装模型的建立。将人体模型与服装模型分别以 obj 文件的格式导出并导入 MATLAB 中，通过 MATLAB 中自带的 Patch 函数绘制出来，其中 Patch 函数创建补片所需要的顶点坐标与索引集均由 obj 文件中的 v（顶点）集合和 F（补片的顶点索引集合）提供，从而实现了模型的基本建立。人体模型与服装模型的绘制效果分别如图 7–21（a）、图 7–21（b）所示。

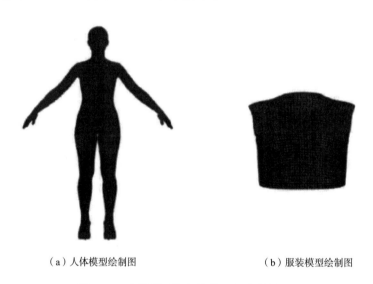

（a）人体模型绘制图　　　　　　　　（b）服装模型绘制图

图 7–21　人体模型与服装模型的绘制效果图

模型绘制后，可通过 set（cloth, 'FaceColor', colorvalue）函数对补片进行颜色设置，改变模型面的颜色，也可通过 set（cloth, 'EdgeColor', color value）的方式调整补片边缘颜色，还能通过 set（cloth, 'EdgeLighting', 'nat'）的方式给模型添加光照效果。当 'FaceColor' 与 'EdgeColor' 设置为统一颜色值时，模型上的线框效果将会消失，呈现出光滑的模型表面。图 7–22 为 FaceColor 设置为 ［0, 0.892, 0］（绿色），EdgeColor 设置为 ［0, 0, 0］并添加光照后的服装效果模型图。

为了实现模型穿着效果，需对模型进行坐标的统一处理。本节在 Blender 中建立人体与服装模型时，将模型中心线均设置在原点处，服装模型位置与人体模型位置对应，从而实现了人体模型与服装模型的坐标统一，避免了烦琐的坐标转换操作。将模型导入 MATLAB 中后，将人体模型与服装模型显示在同一窗口中，实现了服装的"上身"展示，如图 7–23 所示。

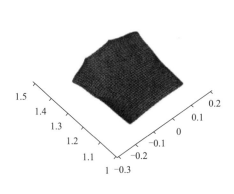

1.5
1.4
1.3
1.2
1.1
1　−0.3
−0.2
−0.1
0
0.1
0.2

图 7-22　服装效果模型图

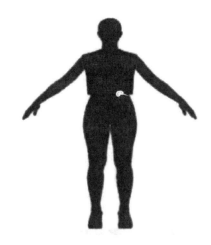

图 7-23　虚拟穿着效果图

7.2.3　衣片的成形与服装模型的绑定

7.2.3.1　服装衣片的成形与参数化控制

服装原型决定了服装版式的变化，不同的服装原型制板得到不同的服装外形。由于服装款式众多，本节选取其中一种原型进行研究，借助东华原型 (女装)2008 修订版的衣片模型作为标准衣片进行衣片模型的建立。东华原型 (女装)2008 修订版的原型图如图 7-24 所示。

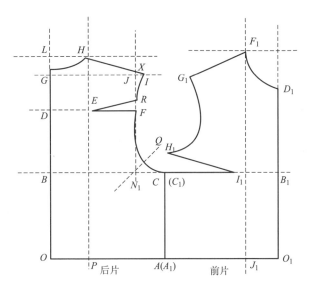

图 7-24　东华女装原型 2008 修订版

依据图 7-24，设胸围为 B，身高为 h，则后片效果图如图 7-25 所示。

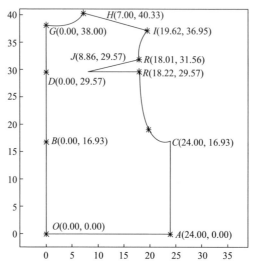

图 7-25　后片绘制效果图

服装原型衣片前片绘制效果图如图 7-26 所示。

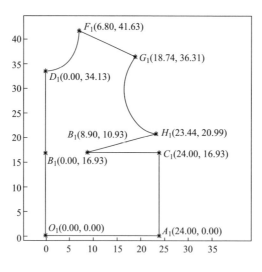

图 7-26　前片绘制效果图

7.2.3.2　服装模型与衣片的绑定

衣片模型中，服装的各部位通过控制点的连线来表示，如图 7-27 所示，其中 B_1、C_1 点所连接的线段表示前片中的胸围线，等于服装胸围尺寸的一半，F_1、

G_1 点所连接的线段表示肩线，这些线段的变化均会使得服装对应部位尺寸发生变化，从而影响着服装的穿着效果。为了使得改变衣片控制点时能实时变化穿着效果，需将衣片控制点与服装模型关联起来。本节将服装模型进行区域划分，使得模型中的每个区域与衣片模型上的控制点所表达的部位对应。区域划分后的各部位模型图如图 7-28 所示。

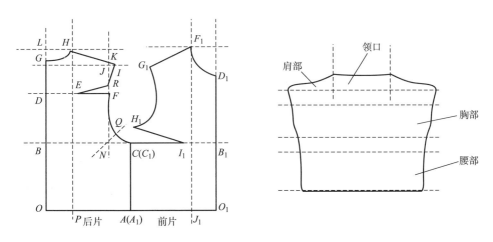

图 7-27　衣片控制点与模型绑定示意图

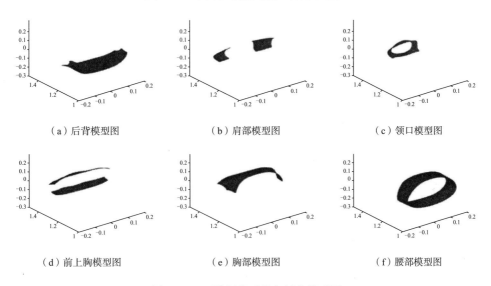

（a）后背模型图　　　　　　（b）肩部模型图　　　　　　（c）领口模型图

（d）前上胸模型图　　　　　　（e）胸部模型图　　　　　　（f）腰部模型图

图 7-28　区域划分后的各部位模型图

区域划分后，让每个区域中的点集独立，其变化由衣片模型上的对应控制点控制。以领口围度为例，在图 7-27 中，H、F_1 为侧颈点控制点，控制点

G、D_1 为前后颈点控制点，H、F_1、G、D_1 四个点共同控制衣片领口形状与服装领围尺寸的变化，且对应服装模型上划分的领口区域，前片控制点变动时后片对应控制点也应同时变动，反之同理。为了方便计算且保持领口形状，本节将前后颈点与前后片侧颈点的移动距离保持同步，且均沿点所在特征线上方向移动。如当侧颈点向肩线 HI 方向移动 1cm 时，表示增大领围，后颈点 G 会相应向后中心线 GD 方向移动 1cm，而前片侧颈点 F_1 会同时向肩线 F_1G_1 方向移动 1cm，前颈点 D_1 会向前中心线 D_1B_1 方向移动 1cm。在移动后，重新绘制衣片图像并计算移动后的服装领口围度，并与人体数据进行比较，将比较结果以服装模型领口区域的效果显示方式展示出来。其他控制点与模型区域对应关系为：肩宽控制点 I、G_1 与服装模型肩部区域对应，I、G_1 向肩线 H_1 和 F_1G 方向移动时，表示增大服装肩宽尺寸数据，向反方向移动时则表示减小肩宽尺寸数据。控制点 C、C_1 点为胸围控制点，与服装模型胸部区域对应，C、C_1 向胸围线 BC、B_1C_1 方向移动时，表示增大服装胸围尺寸数据，反方向移动表示减小胸围尺寸数据。控制点 A、A_1 为腰围控制点，与服装模型腰部区域对应，A、A_1 向腰围线 OA、O_1A_1 方向移动时，表示扩大腰围，反方向移动表示减小腰围。

具体实现上，在 MATLAB 中，通过对上文得到的衣片模型中控制点的索引（包括曲线上的点集）进行排列，得到控制点的横、纵坐标集 xData 和 yData，并通过绘制函数 lille 将衣片模型重新绘制出来。而为了使控制点能够调整，还需通过函数 Patch 创造补片的方式将各控制点进行单独绘制。其中 Patch 函数的参数 'linestyle' 设置为 'none'，参数 'marker' 设置为 'o'，绘制后的控制点图案为圆圈，并为其添加按下时的响应操作。将参数 'buttonDownFcn' 设置为 drag 函数，同时添加 move 与 drop 函数来实现控制点的移动与更换选择。当控制点调整后，通过 set 函数将调整后的控制点位置修改并存储到 Patch 信息中，并更新 line 信息中对应的控制点的坐标位置，从而达到调整控制点的目的。若以后片为调整片，则当后片控制点调整后，需通过位置关系换算得到前片上对应控制点的新位置，并进行 Patch 和 line 信息的更新，从而达到前、后片同时改变的目的。以调整肩部为例，通过上述方法实现的衣片模型调整效果图如图 7-29 所示（图中虚线方框标记处为改动的位置）。实现调整功能后，只需将控制点的索引与模型区域对应即可完成绑定操作。

服装衣片控制点与服装模型绑定后，可通过上一小节中的计算公式计算得出更新控制点坐标后服装对应的尺寸数据，为下一节穿着效果控制提供数据作为比较依据。

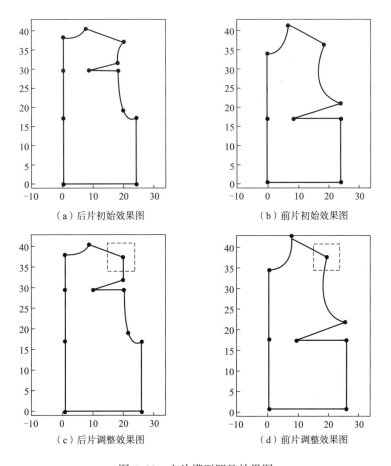

（a）后片初始效果图　　　　　　　　（b）前片初始效果图

（c）后片调整效果图　　　　　　　　（d）前片调整效果图

图 7-29　衣片模型调整效果图

7.2.4　穿着效果的控制

本节对模型建立处于初步探索阶段，实现的虚拟试衣效果较为简单，其虚拟穿着效果旨在让用户能够通过虚拟展示直观地感受到该尺码服装穿着的松紧程度。由于本节所使用的模型为静态模型，无法随用户的形体变化而变化，因而选择通过服装模型上各部位的颜色变化来反映各部位的松紧程度。松紧程度则是基于人体与服装间的围度差值得出，当差值较大时则表示穿着较为紧身，此时模型上对应的区域显示为红色，而差值较小时则表示穿着较为宽松，此时模型上对应的区域显示为绿色。为了使松紧程度划分更加细致，本节对各部位的差值与颜色关系进行分类。以常规女上装为例，服装与人体尺寸的差值以合体性的方式进行分类，将合体性分为贴体、较贴体、较宽松和宽松四个类别，相关文献中胸、腰的合体性与尺寸差值关系见表 7-5。

表 7-5　胸、腰部合体性与尺寸差值关系表

合体性分类	胸围（cm）	腰围（cm）
贴体	[-4,6)	[-13,9)
较贴体	[6,12)	[-5,17)
较宽松	[12,18)	[1,23)
宽松	[18,+∞)	[9,+∞)

本节借鉴胸、腰的合体性分类表并根据实际需求转化为本节服装松紧程度与颜色变化的关系表。因领口的放松量一般为 2~2.5cm，本节选取 2cm 为一档进行合体性分类。而肩部是服装最重要的支撑点，无论多么宽松的服装，其放松量设置为 0。为了清晰显示变化程度，本节肩部选取 2cm 为一档进行分类。经整理得到本节服装尺码与人体尺寸的差值与颜色变化的关系表，见表 7-6。

表 7-6　服装尺码与人体尺寸的差值与颜色变化关系表

松紧程度	颈部	肩部	胸部	腰部	颜色变化范围
紧身	(-∞,-2]	(-∞,-2]	(-∞,-4]	(-∞,-5]	[1,0,0]
较紧身	(-2,0]	(-2,0]	(-4,6]	(-5,9]	[1,0,0]~[0.5,0.5,0]
较宽松	(0,2]	(0,2]	(6,12]	(9,17]	[0.5,0.5,0]~[0,1,0]
宽松	(2,+∞)	(-2,+∞)	(12,+∞)	(17,+∞)	[0,1,0]

以 160/84A 服装尺码为例，通过该表设置后的服装穿着效果图如图 7-30 所示，其中 b 表示人体胸围，n 表示人体颈围，s 表示人体肩围，w 表示人体腰围。

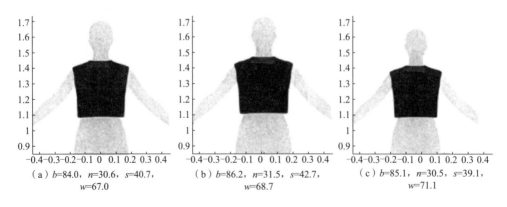

（a）b=84.0，n=30.6，s=40.7，w=67.0　　（b）b=86.2，n=31.5，s=42.7，w=68.7　　（c）b=85.1，n=30.5，s=39.1，w=71.1

图 7-30　服装穿着效果图

7.3　基于 VC++6.0 和 OpenGL 的数字化三维人体建模研究

人体建模流程图如图 7-31 所示。采用三角面片逼近人体，每个三角片都有其顶点坐标，同样也表示了人体在 OpenGL 空间坐标系里的几何空间坐标（x, y, z）。连接每个顶点形成线段，在本节中代表三角面片的边长。多边形是空间顶点与顶点之间连接成的封闭式图形。在本节中指三角面片。OpenGL 里的数据包含顶点坐标、颜色、法线、纹理坐标等一切与顶点有关的几何信息和属性信息。

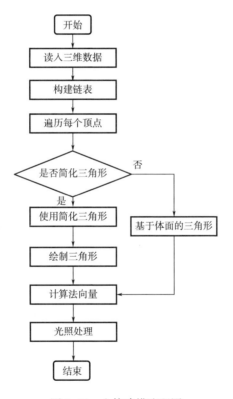

图 7-31　人体建模流程图

在 Ctri Object 类中对人体进行重构。

首先，打开一个 txt 文档，这个文档里存放着通过 CCD 摄像头拍摄并经过数字图像处理得到的每个顶点的三维空间坐标，程序伪代码如下。

FILE *Fid; 首先定义一个文件指针

float num3[3];// 定义一个三维数组，用于存储顶点的空间坐标 (x,y,z)

int num;// 定义一个变量，表示人体表面的顶点个数

int hang;// 定义一个整型变量，表示人体切分的切片数

int vk;// 定义一个整型变量，表示每一个切片上有多少个顶点

Fid=Fopen(" 输入 txt 文件 "," 打开方式 ");// 打开存放人体数据的 txt 文档

for(i=0;i<' 人体表面顶点数 ';i++) // 开始循环遍历 txt 文档，把数据读入新的结构数组中

fclose(Fid);// 数据读取完毕后关闭该文件指针

由于在 OpenGL 中绘图顺序与日常绘图的习惯不一样，它是按照每一层与它的下一层画图，所以需要改变数据的存放形式，新建一个结构体数组来存放改变后的顶点三维空间坐标，如图 7-32 所示。

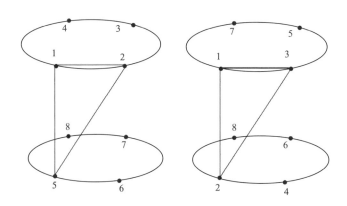

图 7-32　改变前后的数据排列方式对比图

首先，建立一个 for 循环，以每两个相邻的切片为基准，从上而下依次排列，把上一个切片的顶点赋给新数组的奇数序列，把下一个切片的顶点赋给新数组的偶数序列。

以下是改变数据存放顺序的程序的伪代码：

for(k=0;k< 切片序号 ;k++)

{

for(i=0;i< 每个切片的顶点数 ;i++)

　PNT0[奇数]=PNT[];// 把上一层赋值给新数组奇数

for(i=0;i< 每个切片的顶点数 ;i++)

　PNT0[偶数]=PNT[]; // 把下一层赋值给新数组偶数

用三角面片法把人体分割成无数个小三角面片。人体三角面片绘制程序如下。

```
gl Begin(GL_TRIANGLES);// 绘图开始;
for (i=0; i < 人体表面的顶点数; i++)
{
    CalcNormal(i, normal);// 定义每个三角面的法向量;
// 连接三个顶点;
    gl Normal3F( 法向量的 X 坐标, 法向量的 Y 坐标, 法向量的 Z
坐标 );// 计算每个顶点的法向量
    gl Vertex3F( 顶点的 X 坐标, 顶点的 Y 坐标, 顶点的 Z 坐标 );
}
gl End(); // 结束绘制 }
```

程序运行的三维人台模型效果图如图 7-33 所示。

在画小三角形面片前，需要为每一个三角面片设定法向量，法线向量是一条垂直于某个表面的方向向量。针对平表面而言，其上每个点的法线方向都是相同的。但是，对于普通的曲面，其表面上每个点的法线方向可能各不相同。在 OpenGL 中，既可以为每个多边形指定一条法线，也可以为多边形的每个顶点分别指定一条法线。同一个多边形的顶点可能共享同一条法线，也可能具有不同的法线。除了顶点外，不能为多边形的其他部分分配法线。

图 7-33　三维人台模型效果图

物体的法向量定义了其表面在空间中的方向，具体来说，定义了它相对于光源的方向。OpenGL 使用法向量确定物体的各个顶点所受的光照。光照本身是一个非常庞大的主题，因为在定义物体几何形状时，同时也定义了它的法线向量。

在 OpenGL 中，使用 gl Normal 函数，把当前的法向量设置为这个函数的参数所表示的值。随后调用 gl Vertex 时，就会把当前的法向量分配给指定的顶点。每个顶点常常具有不同的法线，因此常要交替调用这两个函数。

由于法向量只表示方向，因此其长度无关紧要。法线可以指定为任意长度，但是在执行光照计算前，它的长度会转换为 1（长度为 1 的向量称为单位向量或者规范化向量）。通常，应该使用规范化法向量。为了使一条法线向量具有单位长度，只要将其分量除以长度即可，如式（7-6）所示。

$$\text{法线的长度} = \sqrt{x^2 + y^2 + z^2} \tag{7-6}$$

已知直线的两点构成的向量作为法向量；如果不存在这样的直线，可用设法求一个平面的法向量。其步骤如下。

首先设三角平面的法向量 $m(x, y, z)$ 以及三角平面的顶点坐标 $A(a_1, a_2, a_3)$，$B(b_1, b_2, b_3)$，$C(c_1, c_2, c_3)$。计算得三角平面向量 $AB(x_1, y_1, z_1)$、$BC(x_2, y_2, z_2)$，其中 $x_1 = b_1 - a_1$，$y_1 = b_2 - a_2$，$z_1 = b_3 - a_3$，$x_2 = c_1 - b_1$，$y_2 = c_2 - b_2$，$z_2 = c_3 - b_3$。由于平面法向量垂直于平面内所有的向量，因此得到 $x \times x_1 + y \times y_1 + z \times z_1 = 0$ 和 $x \times x_2 + y \times y_2 + z \times z_2 = 0$。由于方程组存在三个未知数、两个方程（不能通过增加新的向量和方程求解），而平面法向量 $m(x, y, z)$ 坐标表达式分别为 $x = y_1 \cdot z_2 - z_1 \cdot y_2$，$y = z_1 \cdot x_2 - x_1 \cdot z_2$，$z = x_1 \cdot y_2 - y_1 \cdot x_2$。为了得到确定法向量，可设定 $z = 1$（也可以设定 $x = 1$ 或 $y = 1$）或者将法向量规范为单位长度，所以要求出法线的单位长度，然后用法向量的 x、y、z 分别除以单位长度（图7-34）。

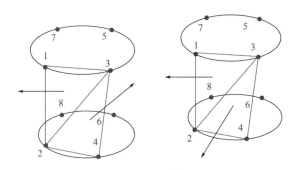

图7-34　三角平面的法向量方向示意图

CalcNormal(i, normal) 是个计算法向量的函数，这是为了显示人体的光照效果使人体模型看着光滑些。法向量计算程序伪代码如下：

```
void CPlmyView::CalcNormal(int entry, float out[])
{
// 根据空间三个点 A,B,C 计算两个矢量值 AB(x1,y1,z1) 和 BC (x2,y2,z2)
    y1=b2-a2,
    z1=b3-a3,
    x2=c1-b1,
    y2=c2-b2,
    z2=c3-b3
// 根据法向量计算公式，计算法向量 m(x,y,z)
```

x=y1*z2−z1*y2,

 y=z1*x2−x1*z2,

 z=x1*y2−y1*x2

 float length;

// 计算矢量的长度

length = (float)sqrt((x*x) + (y*y) +(z*z));

if(length == 0.0F)

 length = 1.0F;

// 单位化矢量，用法向量的 x,y,z 分别除以单位长度

x/= length;

y/= length;

z/= length;

// 根据右手螺旋定则，改变每个三角形面片的法向量的方向

if(输入顶点序号对 2 取余，结果为 0 则使这个平面的法向量反向)

{

  x=−x;

 y=−y;

 z=−z;

}

 }

在 OpenGL 中设置光照模型的操作如下。

（1）定义每个顶点的法向量。物体的法向量代表着光线射入和反射路径，有了法向量光线才能被可见。每个顶点的法线向量数量与经过它的光线数量相同。但是如果绘制的物体是系统里已经设定好的 Bezier 或 NURBS 曲线曲面绘制的三维立体图形，则无须设置光照的法线向量，因为这些物体应用 Bezier 或 NURBS 曲线曲面绘制时就已经内置了法向量。

（2）光源初始化。光源的属性包括颜色、位置、方向。在 OpenGL 中使用 GL Light 设定光源（表 7-7）。

GL Light 的参数包括：光源的位置、颜色、方向。

void glLightFv(Glenum light, Glenum Pname, const GLfloat *Params);

其中，light 指定光源用 GL_LIGHT0.GL_LIGHT1⋯⋯..GL_LIGHT7；Pname 定义光源属性。Pname 为命名参数；Param 参数为 Pname 的光源的属性值，是指针或者数值。

在 Openg GL 中。光照状态通过 ENABLE 开启或者关闭。

激活光源函数：

glEnableGL_LIGHTING;

关闭光源的函数：

glDisable(GL_LIGHTING);

设定光源参数后，激活已经定义的光源：

glEnable(GL_LIGHTO);

表 7-7 光源属性

参数名	缺省值	意义
GL_AMBIENT	(0.0, 0.0, 0.0, 1.0,)	光源环境光亮度
GL_DIFFUSE	(1.0, 1.0, 1.0, 1.0,)	光源散射光亮度
GL_SPECULAR	(1.0, 1.0, 1.0, 1.0,)	光源的镜面反射亮度
GL_POSITION	(0.0, 0.0, 1.0, 0.0,)	光源的位置
GL_SPOT_EXPOENT	0.0	聚光指数
GL_SPOT_CUTOFF	180	聚光终止角度
GL_SPOT_DIRECTION	(0.0, 0.0, 0.0, −1.0,)	聚光方向
GL_CONSTANT_ATTENUATION	1.0	恒定衰减因子
GL_LINEAR_ATTENUATION	0.0	线性衰减因子
GL_QUADRATIC_ATTENUATION	0.0	二次衰减因子

为了高效、快捷、全面、逼真地建立人体模型，本节选择了 VC++6.0 和 OpenGL 三维图形设计工具包作为开发语言和工具。

OpenGL 即开源的图形库，它是由美国 SGI 公司开发的标准三维图形库，可以绘制各种三维图形，同时提供外部接口用来与其他三维软件进行有效交流。使用 OpenGL 制作出来的应用程序具有独立的编辑窗口，适用于 Windows 操作界面，并可以进行软件间的移植。它具有强大的三维图形绘制能力。它提供特有的操作界面和硬件环境是 SGI 开发的、共享的、开源式的标准三维图形库。因其开源和规范性好，被广泛应用于三维图形领域。以此为基础不断开发出新的三维图形软件，如 3DMAX、Soft Image、VR 软件和 GIS 软件等。

现实生活中的坐标系与 OpenGL 默认的坐标系不同，所以由摄像机获取的数据空间坐标与 OpenGL 的空间坐标不对应。因此，需要转换坐标系。现实中坐标系的 Y 轴是指向内的，如图 7-35 所示，而 OpenGL 默认的坐标系 Y 轴和 Z 轴方向互换，如图 7-36 所示所以要实现 *Y—Z* 轴的数据转换。

　　需要将 *Y* 轴和 *Z* 轴进行翻转。由于显示比例不同，坐标值也有所差异，方向和大小也有所不同。所以首先要在编程前，对数据进行转换和坐标轴旋转处理。

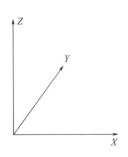

图 7-35　现实三维空间坐标　　　　图 7-36　OpenGL 环境下的三维空间坐标

坐标轴的旋转目的是将 *Y* 轴和 *Z* 轴互换。然后将 *Z* 轴反向。

// 遍历循环所有的顶点

for(int i=0;i<PObject->numOfVerts;i++)

// 保存 Y 轴的值

float fTempY=PObject->pVerts[i].y;

// 设置 Y 轴的值等于 Z 轴的值

PObject->pVerts[i].z=-f TempY;

　　采用归一化的方法可以解决显示比例问题，具体做法是遍历整个链表，找出最大绝对值，设定绝对值为归一化参数，然后对所有数据进行归一化操作。

　　在人体建模过程中可能会发生模型的中心不在坐标原点的情况，可以通过旋转模型来调整模型的中心，使模型的几何中心与坐标原点重合。具体做法是遍历循环整个点列表，利用 *X* 方向上的最大值 + 最小值 /2 的算法，计算出中间值，就得到了人体模型的原点在 OpenGL 系统坐标系中的 *X* 坐标原点 X_{origin}。平移所有点的 *X* 坐标轴 X_{origin} 距离。同理，处理 *Y* 轴、*Z* 轴的数据。

7.4　基于 Rhino 的服装原型参数化制板方法

7.4.1　数学模型建立

　　服装原型是目前较为成熟的二维数学模型，东华原型衣身后片示意图如图 7-37 所示，为了将数学模型点线间的约束关系以参数化方式表达，首先依据东华原型衣身后片关键变量 h(身高)、B(净胸围)以及修正参数,分析出原型后片变量参数尺寸关系,见表7-8。以原型后中线与腰围线的交点为坐标原点 P_1,计算各关键点的相对坐标,部分原型衣身后片的关键点见表7-9。

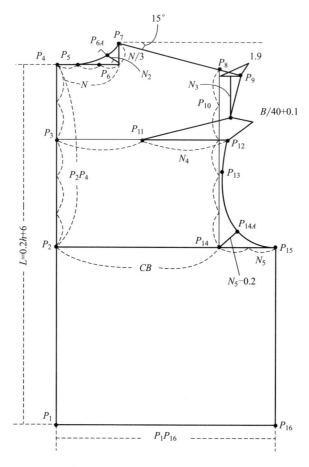

图 7-37 东华原型衣身后片示意图

表 7-8 原型后片变量参数尺寸关系

变量参数	尺寸计算公式	说明
L	$0.2h+6$	衣长
N	$0.05B+2.8+C_9$	领宽
P_2P_4	$0.1h-B/65-N/3+8.7$	线段 P_2P_4 的值
CB	$0.13B+6.8+C_5$	后背宽
P_1P_{16}	$B/4+3$	线段 P_1P_{16} 的值

续表

变量参数	尺寸计算公式	说明
N_2	$\sqrt{2}\left(N/9+0.1\right)$	领曲线系数
N_3	$N/3-\tan\left(15°+C_2\right)\times$ $\left(1.9+CB-N\right)+0.4P_2P_4$	袖窿比例系数 1
N_4	$(0.025B-0.1)/$ $\sqrt{\left[\tan(15°+C_2)\ N_3\right]^2+N_3^2}$	袖窿比例系数 2
N_5	$0.5\left(P_1P_{16}-CB\right)-C_6$	袖窿深系数
a	$\tan\left(15°+C_2\right)$	角度变化系数 1
b	$\cos\left(15°+C_2\right)$	角度变化系数 2
c	$\sin\left(15°+C_2\right)$	角度变化系数 3
$P_{10}P_{11}$	$\left[\left(aN_4N_3+0.5CB+1.9-aN_3+C_5\right)^2+\right.$ $\left.\left(N_3N_4\right)^2\right]^{0.5}$	线段 $P_{10}P_{11}$ 的值

注　h 为身高；B 为净胸围；修正参数 C_9 影响领宽；C_5 影响背宽；C_2 影响肩斜；C_6 影响袖窿深。除 C_2 单位为（°），其余单位均为 cm。

表 7-9　部分原型衣身后片关键点

点	x 坐标	y 坐标
P_6	$0.7N$	L
P_{6A}	$N-N_2$	$L+N_2$
P_8	CB	$L+N/3-a\left(CB-N\right)$
P_9	$CB+1.9+bC_3+C_1$	$L+N/3-a\left(1.9+CB-N\right)-cC_3$
P_{10}	$aN_4N_3+CB+1.9-aN_3+0.7bC_3+0.7C_1$	$N_3N_4+L-0.4P_2P_4-0.7cC_3$
P_{12}	$0.5CB+P_{10}P_{11}$	$L-0.4P_2P_4$
P_{13}	$CB+0.1bC_3$	$0.4\left[L+N/3-a\left(1.9+CB-N\right)-cC_3\right]+0.6\left(L-P_2P_4\right)$
P_{14}	$CB+N_5\cos\left(45°\right)$	$L-P_2P_4+N_5\cos\left(45°\right)$
P_{14A}	$CB+\left(N_5-0.2\right)\cos\left(45°\right)$	$L-P_2P_4+\left(N_5-0.2\right)\cos\left(45°\right)$

注　修正参数 C_1 影响肩宽，C_3 影响肩长。除 C_2 单位为（°），其余单位均为 cm。P_6、P_{14} 适用于贝塞尔曲线，P_{6A}、P_{14A} 适用于 Spline 曲线。

7.4.2　模型实现

通过 Rhino 以及其自带的参数化插件 Grasshopper，用户可以在无编程基础的情况下，利用 Grasshopper 自带的图形化功能电池构建数学模型。点的坐标运用其"Maths"电池组进行计算，其包含加减乘除等数学运算功能，基本满足参数化制板的数学需求,用"Constructpoint"功能,根据 X 轴与 Y 轴(三维则包括 Z 轴)的数值构建点坐标,然后根据需求使用"Curve"电池组中的"NURBSCurve(非均匀 B 样条曲线)、"InterPolate"(插值曲线)、"PolyLine"(折线)对点进行连接。

参数化绘制过程如图 7-38 所示,图中为绘制线段 P_1P_4 所需电池以及构建思路,Grasshopper 中图形化的语言相对于 C++、MATLAB、AutoCAD 等传统语言编程更为直观易懂,大大降低了服装参数化制板的学习门槛,并提高了构建模型的效率。

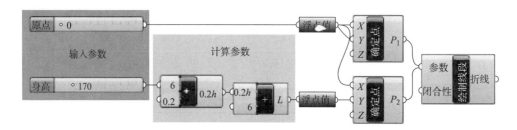

图 7-38　参数化线段绘制过程

7.4.3　三维模型构建

在实现二维模型转换应用的基础上,可以基于 Rhino 进一步实现三维模型的转换。

7.4.3.1　二维与三维转化

在 Grasshopper 中可通过"TriRemesh"电池实现二维轮廓转化为三维三角网格面的功能。生成衣片网格后,将衣片定位至人体模特合适的位置,根据线与点对应关系生成缝线,如图 7-39(a)所示。构建力学模拟的电池,通过电池"Length(line)"可以使网格中的线段像弹簧一样具有弹性与一定的保形性,电池"SphereCollide"可以使网格上的交点生成碰撞体积,避免面料发生穿模,电池"Load"则作用于这些交点,模拟重力的效果,电池"SolidPOINTCollide"则输入交点与模特模型,其中的"Solid"指静态的网格模型,其恰好与模特模型相契合,该电池确保了面料网格上的点与模特模型产生碰撞关系。通过以上关键功能电池,对面料网格构建弹簧质点模型以及模特与面料间的碰撞关系,获得较为拟真的服装模型效果,如图 7-39(b)所示,这也是在 Rhino 中制板相较于其他服装 CAD 平台的优势,即通过简单易懂的图形化功能电池快速实现二维的参数化制板与三维模型的转换。Rhino 中构建的三维服装模型效果图如图 7-39(c)所示。

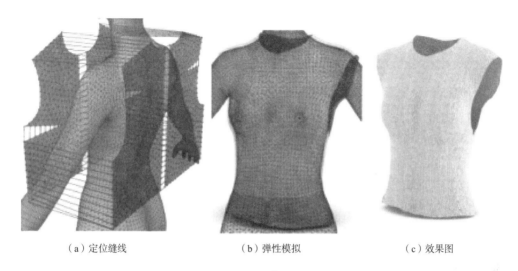

（a）定位缝线　　　　　　　　　（b）弹性模拟　　　　　　　　　（c）效果图

图 7-39　Rhino 中构建的三维服装模型

7.4.3.2　力学模拟验证

Rhino 可以将衣片导出为 dxf 格式，该格式可应用于 CLO3D 及其他服装 CAD 系统中，且可快速转化构建三维模型。基于此，在 CLO3D 软件中对参数化方法生成的原型衣片的合体性进行测试分析。

在 CLO3D 中调整虚拟人模的各部位尺寸，以 175/80(身高 / 胸围)为例，其余参数系统默认。应力图如图 7-40 所示，应力在 100%~120%，提取比较具有代表性的点的数值，应力最大值为 110.33%，压力最大值为 8.20kPa，证明基于参数化方法生成的原型衣片并未出现集中的较大应力，故此方案可行。

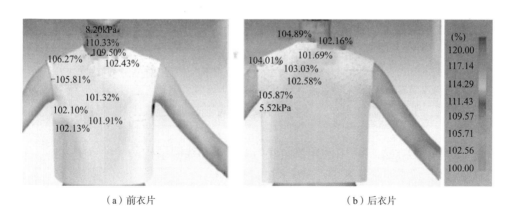

（a）前衣片　　　　　　　　　　　　　（b）后衣片

图 7-40　应力图

参考文献

［1］彭佳佳. 基于线圈结构的全成形毛衫三维仿真［D］. 无锡：江南大学，2020.

［2］宋炎锋，胡旭东，汝欣，等. 复杂曲面筒状纬编针织物的建模仿真研究［J］. 针织工业，2021，（9）：1-4.

［3］孙亚博. 基于有限元模拟的针织服装穿着压力分析［D］. 天津：天津工业大学，2021.

［4］史晓丽，耿兆丰. 针织三维效果仿真的研究及实现［J］. 东华大学学报（自然科学版），2003，29（3）：47-50.

［5］张丽哲. 经编针织物的计算机三维仿真［D］. 无锡：江南大学，2010.

［6］KURBAK A，ALPYILDIZ T. A geometrical model for the double lacoste knits［J］. Textile Research Journal，2008，78（3）：232-247.

［7］KURBAK A，KAYACAN O. Basic studies for modeling complex weft knitted fabric structures part II：A geometrical model for plain knitted fabric spirality［J］. Textile Research Journal，2008，78（4）：279-288.

［8］GUAN S，JIANG G，YANG M，et al. Three-dimensional simulation of warp knitted pile fabrics with double needle bar based on loop structure［J］. Journal of Textile Research，2024，45（9）：84-90.

［9］CHEN Y Y，LIN S，ZHONG H，et al. Realistic rendering and animation of knitwear［J］. IEEE Transactions on Visualization and Computer Graphics，2003，9（1）：43-55.

［10］DE ARAÚJO M，FANGUEIRO R，HONG H. Modelling and simulation of the mechanical behaviour of weft-knitted fabrics for technical applications［J］. AUTEX Research Journal，2003，3（4）：166-179.

［11］刘凤. 羊毛衫织物组织三维仿真与模拟试穿的研究［D］. 上海：东华大学，2007.

［12］蒙冉菊，方园. NURBS样条曲线纬编针织物线圈结构的建模分析［J］. 浙江理工大学学报，2007，32（3）：219-224.

［13］邓逸飞，邓中民，柯薇. 应用线圈模型的羊毛衫组织搭配与变形模拟［J］. 纺织学报，2018，39（4）：151-157.

［14］雷惠，丛洪莲，张爱军，等. 基于质点模型的横编织物结构研究与计算机模拟［J］. 纺织学报，2015，36（2）：43-48.